JN073114

私を生み、育て、支えて下さったすべての人々に、
心からなる感謝を捧げます。

BEYOND THE CRISIS

危機の向こうの希望

「環境立国」の過去、現在、そして未来

環境文明研究所所長
加藤三郎

プレジデント社

はじめに

今日の社会はあらゆる面で大荒れの状態にある。人間の生活はいつでもどこでも様々な大中小の危機を内包しているが、21世紀に入って、その程度は一段と大きくなっている。コロナ禍前では、日本では、経済はGDP、株価、失業率などの指標を総合的に見る限り一応「安定」を示していたが、雇用は非正規が着実に増加し、失業はしていなくとも低賃金で不安定な雇用形態が浸透し、貧富の格差はこれまでになく進行している。コロナ危機後では、これがさらに悪化しないか心配だ。

災害の危機も増大している。首都圏直下型大震災や南海トラフ大地震の発生確率は、今後30年以内に70～80％程度と予測され、日本人の生命、暮らし、財産やビジネスは、想像もつかないような危機にさらされている。いつ、どこで、どういう形でこれが現実化するかは全くわからず、刑の執行を待つ囚人のように、多くの人は内心にいつも不安を抱えながら生きているのではないだろうか。

トランプ米大統領の出現以来、政治の方も予測不能になってしまっている。突然、北朝鮮の金正恩委員長との親密ぶりを派手に演出して見せても、平和は一向に実現せず、中国とは貿易戦争から始まって、先端技術や軍事の覇権争いが激化し今では宇宙空間にまで及んでいる。これら政治の首領たちの一挙手一投足が我々の日常の暮らしにも影響を与え始め、いつ悪意を持った国から日本にミサイルが飛んでこないか不安だ。しかし、そんな政治の危機を心配しても仕方がないから、不安を心の中に閉じ込めて、毎日生きている状況ではなかろうか。

私が半世紀ほど真剣に取り組んできた「環境の危機」は、上述の危機とは原因も性格も全く異なるが、もはや破局的と言ってもよい状況に達しつつある。異常気象の頻発、台風の破壊力の増大、海水の酸性化、土地利用の激変、微量の化学物質が蝕み続ける人体、またその陰での生き物たちの急速な減少や種の絶滅が、人々も気づかないうちに、静かに、確実に進行している。まさに我々は、時限爆弾が破裂するのを知らずに経済成長の夢を見続けているようだ。

そんな中、2020年に入ると、全く異種のもう一つの危機が飛び込んできた。中国発の新型コロナウイルス危機は、瞬く間に世界中に拡がり、ほとんどの国で人の移動や経済活動だけでなく、教育、文化、スポーツなど、一時期は、ほぼ全面的に社会の動きが止まってしまった。当然、生活や経済にこれまで経験したことのないインパクトを与え、現時点（2020年8月）でも、第2波、第3波の発生が懸念され、その推移と影響は予測不能の状態だ。

このように現代社会は様々な危機に囲まれているが、その中で環境の危機は、その発生原因において他の危機とは異なる特異性があることに私は気がついた。それは、環境危機の場合は、人々が昔から、生活環境の向上、つまりモノの豊かさ、便利さ、快適さを願い求め、奮闘努力してきたことからうまれている。他の危機の場合、例えば、大震災、大恐慌、戦争、テロなどは、人々が願い求めているものに原因を発するのではない。いや、全力を挙げて避けたいと願い、奮闘しても陥ってしまう類いの危機である。

振り返ってみると、江戸時代の日本にしても、産業革命前のイングランドにしても、貧困、疾病、災害、その他の問題はあまた抱えてはいたが、環境は総じて健全だった。動物学者の河合雅雄氏は哲学者の梅原猛氏との対談『神仏のかたち』（角川学芸出版、2006年）の中で、「日本では19世紀まで生物を絶滅させたことはないんです」と語っている。20世紀に入って、特に第二次世界大戦後、人々はもっと豊かに、もっと便利に、そしてもっと快適に、を願って、資本主義に関する理論や政策を複雑・精緻にした。そして効率的な生産・消費体制を調え、科学技術の力を全面的に活用して、地球という容れ物のサイズを忘れて、競って突っ走り始めたために、1970年代頃から地球環境の危機が始まった。つまり、生活水準の向上という人間の自然な願いを刻したコインの裏側には、その人間の生活を全面的に破壊するような「環境の危機」が張り付いてしまったのだ。ここに環境の危機回避の難しさがあるが、同時に解決の希望も透けて見える。望ましいことと思って活動してきたら、うかつにも環境を壊してしまったということに多くの人が気がついたのなら、今度はその破壊を修復したり止める方向に動けばよいのだ。

こう言っている間にも、世界の人口は増え、エネルギーや資源の消費も増えて、環境も危機の様相を一段と深めている。その危機を甘く見て現状程度の対策にとどめれば、近年、毎年のように牙をむいて襲ってくる台風や梅雨前線がもたらす豪雨洪水一つとっても、我々の生命や日常生活は根底から脅かされるだけでなく、経済的損失も膨大になる。度重なれば、やがて家計や企業にとっても背負いきれない負担になるだけでなく、国や自治体の財政もお手上げになる危うさにもっと注目すべきだ。

その害を最小限に食い止めるにはどうしたらよいか。私は仲間と今日の「環境文明21」というNPOを立ち上げ、過去30年近く、様々に考察し、活動をしてきた結果、持続可能な「環境文明」社会を創るしかない、しかも、これまでのように他人頼み、お上頼みではなく、市民（特に若者と女性）が自分事として立ち上がらなくては、本当の力にはならない、との結論に至った。しかし「環境文明」社会といっても、名前からして気に入らない人が多分多いことだろう。そもそも「環境文明」とはどんな文明なのか。人間社会がその文明に辿り着いたとして、現代と何がどう違うのだろうか。その「環境文明」社会を支える主要な構成要素はいったい何であり、危機を回避するだけでなく、人々に平穏で希望のある暮らしを可能にする国づくり（つまり環境立国）ができるのであろうか。そんな社会を実現するにはどんな政策や理念が必要なのだろうか。

こんなことを、環境分野での27年の官僚生活と27年のNPO生活で得た知見を基に、率直に、正直に書いてみた。そしてそれは、半世紀を超す経験と志を同じくする仲間たちと時間をかけて積み上げてきたものであり、体系だった考察と提案になっているのではと思っている。

気候の危機やコロナ危機など先が見えない社会の行く末に関心を寄せ、不安を抱えながらも一筋の希望を求めている方々には、本書に目を通していただければ嬉しい。そして私たちと一緒に、生命と経済活動の基盤である環境を大切にする新たな経済社会づくりに、自分事として参加して下されば、なお嬉しい。

なお、本書では「環境」や「文明」といった言葉が頻繁に出てくるが、この二つの言葉は多義的であって、人によって意味・内容が微妙に異なるので、私がこれらの言葉に込めた意味・内容をあらかじめ説明しておこう。

まず「環境（Environment）」とは、人間を取り巻く一切のものの意で、①大気、水、土地、動植物、天然資源などの自然環境と、②構造物、都市、社会的制度などの人間自身が意識的に創り出した人工環境とに二大別される。

ここでのポイントは、私の関心はあくまで人間にとっての環境であることだ。つまり、トンボや蝶々、梅や桜、熊や魚などにとっての「環境」ではない。この人間を主体にしていることを強調しようとすれば、「人間環境（Human Environment）」という言葉もある。この言葉は、最近ではあまり使われてはいないが、1972年6月にストックホルムで国連が政治レベルで開催した最初の環境に関する会議の名称は、「国連人間環境会議（UN Conference on Human Environment）」となっている。この会議では、今日に至るまで、国際社会が環境問題を討議する際には必ず参照される「人間環境宣言」が採択されている。その宣言文の冒頭には、「人は環境の創造物であると同時に、環境の形成者である。環境は人間の生存を支えるとともに、知的、道徳的、社会的、精神的な成長の機会を与えている。地球上での人類の苦難に満ちた長い進化の過程で、人は、科学技術の加速度的な進歩により、自らの環境を無数の方法と前例のない規模で変革する力を得る段階に達した。自然のままの環境と人によって作られた環境は、共に人間の福祉、基本的人権ひいては、生存権そのものの享受のため基本的に重要である」と明記されている。

次に「文明」については、「文化」とともに、使用する人により意味・内容が大いに異なる。場合によっては、文明と文化を正反対に定義している人もいる。そこで私としては、「文明」とは、ある時代や地域に関し、その政治、経済、社会、文化など一切を包含した社会のあり様そのものと定義している。ちなみに「文化」は、学問、芸術、宗教、道徳など、主として人間の知的、精神的な活動から生み出されたものと私は理解している。

また本書では、しばしばNPO、NGOという横文字が出てくる。NPO（Non-profit Organization）は非営利の活動をする法人、NGO（Non-governmental Organization）は非政府組織のことで、出自には違いがあるが、実体的にはほとんど差はない。日本では、1998年に成立したNPO法（特定非営利活動促進法）によって承認された法人は、通例NPOと称している。例えば、私が立ち上げた組織は、最初はNGOとして出発したが、NPO法成立後は、実体は同じだがNPOと名乗っている。なお、市民活動の歴史の古い欧米ではNGOと名乗ることが多い。

目次

CONTENTS

はじめに …… 004

第1部「環境危機」の実態

1-1 環境危機の特異性 …… 017

1-2 環境危機の実態 …… 022

(1) 人間社会が直面する重圧 …… 022

世界人口の激増と都市の膨張 …… 022
世界経済の拡大 …… 023
科学技術の光と影 …… 024

(2) 地球環境の危機の実態 …… 025

気候危機 …… 025
1) 気候変動から気候危機へ …… 025
コラム1 IPCC「1.5℃レポート」のポイント …… 031
2) 気象災害の頻発 …… 032
3) 熱中症の多発 …… 035
4) 山(森林)火災 …… 036
5) バッタ大群による農作物の大被害 …… 037
コラム2 気候変動の経済損失推計
ースターン・レビュー …… 038
生物の危機 …… 039
化学物質による危機 …… 041
プラスチックごみ …… 045

第2部 不十分な対応

2-1 環境危機への
これまでの不十分な対応 …… 051

(1) 国際社会の主な取り組み経緯 …… 051

(2) 国内の地球環境対策の経緯 …… 053

2-2 なぜ不十分な対応を許してきたか …… 057

(1) 危機発生の原因、
要因は人間の欲求の程度にある …… 059

(2) 危機感の薄さ、関心の低さ …… 064

(3) 技術力への過信 …… 068

(4) 未だ貧弱な市民力 …… 072

2-3 日本の電源構成の問題点 …… 081

2-4 経済拡大の流れと
環境対応の60年 …… 085

第3部 希望は「環境文明」

3-1 なぜ私は「文明」などを語り始めたか …… 095

3-2 「環境文明」という文明 …… 105

コラム3 エコロジカル・フットプリント分析 …… 111

3-3 なぜ「環境」がそんなに大切か …… 113

3-4 「環境文明」社会の具体的な姿 …… 122

第4部 急ぎ、何をすべきか

4-1 憲法に「環境（持続性）原則」を導入 …… 133

4-2 経済のグリーン化 …… 146

4-3 技術のグリーン化 …… 155

コラム4 「リニア中央新幹線」に対する重大な疑問 …… 163

4-4 信頼できる教育・情報 …… 168

4-5 「片肺政治」を改める …… 176

第5部 知恵と戦略

5-1「有限」世界を支える８つの知恵 187
5-2 現代システムに伝統の知恵を組み込む 193
5-3 市民の政治力を高める 199
5-4 企業の経営を支える「環境力」 207

第6部「環境立国」を今一度

6-1 忘れられた「21世紀環境立国戦略」 221
6-2「環境立国」のポテンシャル 227
(1)「環境文明」を羅針盤に広範な運動 227
(2) 文化的ポテンシャル 229
(3) 技術的ポテンシャル 230
(4) 政策形成のポテンシャル 231
6-3 希望は女性や若者の主体的な参加 233
6-4 まとめ 241

あとがき 246
著者の略歴と官僚時代の仕事 250
認定NPO法人 環境文明21の紹介 252

第1部

「環境危機」の実態

現代は多様な危機が我々の生命や暮らしだけでなく、社会全体をも脅かしている多重危機の時代だ。異常気象の頻発や生物の種や個体数の激減など、ようやく人々も認識し始めた「環境の危機」もその一つだが、これは大震災、津波、大恐慌、戦乱などの危機とは様相を異にする特異性がある。その特異性こそが、地球環境対策を遅らせ、不十分な対応を許してきたが、同時に危機克服の希望も与えてくれる。第1部では、そのことを多角的に検討する。

1-1 環境危機の特異性

私は過去半世紀、若い時は大気汚染や水質汚濁などの公害対策、さらに廃棄物対策や浄化槽行政の推進、そして中年以降は地球温暖化などの地球環境問題に向き合い、対策に携わってきた。特に今世紀に入ってからは、気候異変や生物の種や個体数の減少などがただならぬ状況に陥り、文字通り危機の様相を深めるにつれ、私の関心は、この「環境危機」にかなりの程度集中していった。

そんな折に、もう一つの「危機」が何の前触れもなく飛び込んできた。新型コロナウイルスによる感染症パンデミックである。今ではよく知られているように、2019年の末、中国の武漢で発生した新型コロナウイルスによる感染症が、隣国の韓国、日本はもとよりヨーロッパやアメリカ、中東やアフリカ、さらに中南米など世界中に伝播。有効なワクチンも治療薬もない中で、数十万人の命を奪い、一大パンデミックとなって、人々の日常生活や経済活動を大規模にマヒさせた。

このパンデミックは、人間活動圏の自然界への膨張と、ヒト・モノ・カネの自由な交流を推進してきたグローバル経済がもたらした落とし穴であり、その怖さをまざまざと見せつけた。コロナウイルス感染症の爆発的蔓延を抑えるために、多くの国が、時限的対策とはいえ、これまでなら考えられなかった思い切った対策、例えば外国人の入国禁止、都市の封鎖、商工業活動や観光・スポーツ・娯楽などの停止や自粛、公共交通手段の停止、学校などの教育活動の停止またはオンライン授業、また日本ではオリンピックの1年延期といった非常手段すら取られた。本稿執筆中の2020年8月現在では、世界の感染者数も死者数も依然増加し続けているが、経済活動の停止状況をこれ以上続けることは、経済的にも政治的にも不可能になりつつあり、多くの国や都市が恐る恐る活動を再開しつつある。

私自身は緊急事態宣言発令の間も、環境危機とコロナ危機の二つを見つめながら自宅で本書の執筆を続けていたのだが、我々の生命や暮らしはもとより、社会全体もコロナ危機に限らず多様な危機に囲まれていることに改めて気づかされた。読者諸氏は、そんなことは当たり前ではないか、首都直下型地震も南海トラフ地震もずいぶん前から繰り返し警告されているレッキとした危機ではないか。またある人にとっては、コロナに感染するより経済活動がストップしてしまい需要も生産も消滅したような経済の大収縮こそ、倒産や失業に即繋がる本物の危機なのかもしれない。さらに、昨今の北東アジアの政治的、軍事的状況には緊張や不安定化が増しているので、ひょんなことから軍事衝突になったりミサイルが飛び込んで来やしないかと心配している方もいよう。また、隕石が落ちてくるのではないかと心配している方、あるいは原子力発電所が再び大事故を起こしたら日本の経済社会は立ち直れないのでは、との危機感を持っている方もいるかもしれない。

このように、日本の社会とその中で生きている我々の生命や暮らしは、実に大中小の様々な脅威や危機にさらされていることを改めて思い起こすとともに、私自身が半生を費やしてきた「環境の危機」はこれらの危機の中でどういう位置づけになるのか、またどんな特色を持つのかを考察し、その結果を整理してみた（表 1-1-1）。なお、この考察は、本書の性格上、個人を襲う危機（例えば失業、原因不明の難病、離婚に伴う貧困など）ではなく、社会全体を襲う危機を対象としている。

表1-1-1 危機の特徴

社会を揺るがす「危機」	主な発生原因・要因	社会が発生をコントロールできるか	社会の主な対応
大地震、大津波、噴火等の**天災系**	● 地球内部（マグマ、プレートなど）の動き	×	● 予知、避難、復旧、保険 ● 社会保障
戦争、内乱、テロ等の**統治欠陥系**	● 領土・資源・富の争奪 ● 政治指導層の政策ミス、判断ミス	×〜△	● 交渉、国際協力 ● 官・民による難民・避難民の救済 ● 復興と復興支援
大恐慌等の**経済システムの崩壊系**	● 経済政策の失敗 ● 人間の貪欲	△〜×	● 財政・金融措置 ● 社会保障 ● 保険
感染症パンデミックなどの**生命／医療系**	● 野生動物と人間の接触 ● 感染情報の不開示 ● 対策の遅れ	△〜×	● 隔離・遮断、3密対策、財政措置 ● ワクチン・治療薬の開発 ● 社会保障 ● 保険
気候異変、生物劣化等の**環境の危機**	● 経済拡大 ● 利便性・快適性の追求 ● 科学技術への過信 ● 科学の知見軽視	△〜○	● 観測、条約・法令・税制、教育 ● 市民・NPO等の参加 ● 技術の適正利用 ● 環境倫理
隕石落下、原発大事故等の**不測の事態**	● 安全軽視 ● 不可抗力	×〜△	● 予知、法規制、監視、復旧 ● 保険

注）×印：全く不可　△印：場合によっては、ある程度可能　○印：意識して努力すれば可能　（著者作成）

表1-1-1をよく見ると気がつくのは、「環境の危機」は他の危機と異なる特異性があることではなかろうか。まず発生原因を見ると、他の危機、例えば大地震、戦争、大恐慌などは、人が追い求めた結果として、発生した危機ではない。人はいつでも、それはぜひとも避けたいと思いながらも、偶然や様々なプロセスの結果、陥ってしまう類いの危機である。それに対して環境の危機は、その発生原因は、昔からほとんどの人が願い、そして今も願っているモノの豊かさ、便利さ、快適さを確保しようと、社会も個人も大変な努力を傾注してきた結果、地球環境が許す限界を超えてしまい、気がついたら、とんでもない危機に陥ってしまったというのが実態だろう。つまり、生活水準の向上という人間のまっとうな願いを刻したコインの裏側には、その人間の生活を全面的に破壊するような「環境の危機」が張り付いていたのだ。

もちろん、このような理解に対し、①そもそも環境とは昔から常に変化しており、危機などではない、②地球環境の限界を超えたというが、まだまだ余裕はあるのではないか、③コストメカニズムや科学技術の絶えざるイノベーションによる解決策も十分考えられるのではないか、④地球環境が満杯になったら月や火星その他の宇宙空間に移住すればよいのではないか、などの異論・反論もあり得ると思うが、私はそう考えない。この人間の欲求と裏腹にある環境の危機の特性こそが、他の危機とは異なる希望であると考えているのだ。

もう一度、表1-1-1に示した「環境の危機」の特異性に戻り、表中の「社会が発生をコントロールできるか」の欄を見ていただきたい。他の危機では「×」「×～△」あるいは「△～×」と表示してあるが、「環境の危機」については「△～○」とある。これこそが他の危機とは異なる希望であり、対策の仕甲斐である。

どういうことか。繰り返し述べているように、人は太古の昔からより良い生活を求めて工夫を重ね、制度を創り、営々と努力を怠らず発展してきた。この努力は当然、経済の量と質を変えてきたが、それでも地球環境の危機を顕在化させなかったのは概ね1970年代までである。その頃の世界の人口は40億人前後、経済の規模は現在のおよそ4分の1程度である。簡単に言えば、およそ半世紀前までは、ローカルな公害・環境問題は数多くあったが、地球規模の環境問題には至っていなかった、ということだ。ちなみに、国連が初めてこの問題に取り組んだのは1972年、ストックホルムで国連人間環境会議を開催したときである。また良識ある経済人の集まりであるローマ・クラブが『成長の限界』を出版したのもこの年である。

だからといって私は、地球環境の危機を回避するために、この社会の時計の針を50年前に引き戻そうなどと主張しているわけではない。そんなことは不可能であり、現代の人間活動の歴史の全面的な否定になってしまうからだ。しかしながら、わずか50年ほど前までは、地球の環境、つまり大気も陸も海も生物も、全く健全だったとは言わないまでも、なんとか持続可能だったという事実はしっかり頭に留めておく価値はある。

今なすべき事は、できるだけ早期に、人間活動から出ている環境負荷（例えばCO_2の排出、化学物質の多用、森林の破壊と土地の改変など）を最小にするよう、エネルギー源を転換したり、技術の開発・普及をチェックする制度を創ったり、消費生活を含む我々のライフスタイル全般を見直したりして、新しい経済社会の構築へと向かう知恵と制度を整える機会とすることであろう。いくつもある危機の中で、環境の危機だけが、我々がこれまでの価値観や経済の回し方を改めることができれば、何とか乗り越えられる危機であり、希望さえも抱かせうる危機なのだ。

よく、「ピンチをチャンスに」という言葉が使われるが、まさに環境の危機に立ち向かう今こそがそれであり、そしてその**チャンスは「環境文明」の理念を主軸に据えた国づくり、すなわち環境立国の中から出てくる**、というのが本書を通じて主張したいことである。そこで、第1部では主として我々が克服すべき環境の危機に焦点を当ててみよう。

1-2 環境危機の実態

(1) 人間社会が直面する重圧

これまでも、世界の賢人たちは、人類の行く先には環境の危機も待っていると警告を発してきたが、国民も政治家も企業者も、多少の関心は示しても概ね聞き流し、経済成長を追い求めるやり方の大転換はこれまでのところできなかった。しかし今は、環境面も社会・経済面も、このまま突き進んだら破局に至ることが、日常生活にとりまぎれて過ごす多くの人々にも理解できる兆候が出揃いつつあるのではなかろうか。危機の実態を述べるに先立って、人間社会を自然環境面から破局に追い込む恐れがある重圧として、人口と都市、経済、技術の3点に絞って簡潔に見ておこう。

世界人口の激増と都市の膨張

よく知られているように、地球の直径はわずか1万3000kmで、生物が活動できる大気や陸や海、といっても上空が約10km、海の深さも同じく約10kmという地球の薄皮が、生き物の活動できる舞台だ。人間の数が増えても、経済規模がいかに拡大しても、昔も今もそして将来も、人間にとって地球そのものの大きさは変わらない。その限りある地球環境の中で人間を含む膨大な数の生物が生命現象を繰り広げ、地球自体も気象、海流、火山、地震など様々な自然活動を続けている。その有限な地球の中で、日本の人口は減少し始めたが、世界の人口はまだまだ膨張し続けている。1990年には53億人であったのが、30年経った今は78億人だ。つまりこの間で25億人も増えた。年間平均すれば8000万人強の増加だ。この増加は、1年半で現在の日本の総人口に匹敵する。この増加の大部分は途上国においてであり、しかもその多くは生きるために職や住む場所を求めて都市へ都市へと集まって、災害に弱い都市の周辺部にスラムを形成している。

人が毎年いくら増えても、それに見合った食料、水、家屋、道路、学校、病院、鉄道、廃棄物の処理施設等々が確実に用意できれば、社会は基本的には平衡が保たれるが、もはや世界はそれを供給できない。したがって、至る所で人口重圧に起因する紛争が起き、その挙句におびただしい数の移民・難民が発生する。国連難民高等弁務官事務所によると[1]、2019年末で外国に出た難民と国内避難民の総数は7950万人（シリア人660万人、ベネズエラ人370万人、アフガニスタン人270万人など）に上るという。また2019年9月の国連発表[2]によると、この時点で出生国を離れて他の国で暮らす移民・難民の数は2.7億人で、この数は過去30年間で約1.2億人も増加しており、その多くは、非人間的で不衛生な環境での生活を強いられている。

このように、人口増加に伴い資源問題、環境問題が発生し、社会の安定が損なわれていく。食料が得られず栄養失調に陥る幼い子どもたち、あるいは豊かさを求めてアメリカやヨーロッパに文字通り命がけで渡ろうとする膨大な数の流民と、自分たちの生活や雇用を守るためにその流入を阻止する人たちとの軋轢と紛争が、今後、ますます増えていくであろう。

世界経済の拡大

経済もまた、急拡大しつつある。手元にある世界銀行（WB）の資料[3]によると、1990年から2018年までの29年間に、世界の実質GDPは37.9兆ドルから82.9兆ドルへと2.2倍に増加した。このうちOECD全体では1.8倍、日本は1.3倍となっているが、中国などは13.1倍、インドは5.6倍にも増えている。この間に世界の一次エネルギー消費量（原油換算）[4]は81億1500万トンから138億6500万トンへの1.7

1 https://www.unhcr.org/refugee-statistics/
2 https://www.unic.or.jp/news_press/info/34768/
3 https://data.worldbank.org/indicator/NY.GDP.MKTP.KD
4 Statistical Review of World Energy 2019

倍に、世界の鉄鋼（crude steel）生産量[5]は1990年の7.7億トンから2018年には18.2億トンと約2.4倍に、プラスチック生産量[6]は1989年の1億トンから2015年には3.2億トンへと急増している。

この経済の拡大が化石燃料や資源の消費、そして環境への負荷をもたらしたことは言うまでもない。しかも、米、ソ二大軍事大国の冷戦終了後の90年代以降の経済はグローバル化し、企業経営者は人件費等の生産コストが少しでも安い場所を求めて移動する。欧米や日本から中国へ、そして東南アジアの国々へと移動するごとに、国内労働者の多くは低賃金のまま取り残され、中間層の消失と格差をもたらし、本来ならば環境保全など社会の課題に積極的に取り組む良識ある市民のマスである中間層の厚みを少しずつ削り取っている。

科学技術の光と影

科学技術に基づく新しい製品やサービスはとめどもなく市場に流れ込み、便利さや豊かさを大幅に高めてきたことは間違いない。特にIT技術の進歩は目覚ましく、インターネットはあらゆる面で人々の生活や経済活動を変化させている。今回のコロナ禍においても、テレワーク、オンライン会議の有用性がいかんなく発揮された。もしこの技術がなかったら、生活やビジネスは一体どうなっていただろうかと、改めて科学技術の光の部分を私も認識している。

しかしながら、科学技術の持つマイナスの面も耐え難いまでに大きくなってきている。端的に言えば、原子力発電所事故、あるいは環境への影響や安全性をほとんど無視して突き進むリニア中央新幹線の建設などは、その典型的な例だ。我々の身の回りを見ても、電車に乗ればほとんどの人が携帯・スマートフォンを手放さないでいる。特に若者らの目への障害あるいは中毒的利用による精神面での悪影響につい

5 Steel Statistical Yearbook 2019, World Steel Association
Steel Statistical Yearbook 2000, International Iron and Steel Institute

6 Plastic*Europe*

て専門家による指摘もあるのに、ほとんど無視されている。

また、遺伝子操作で子どもを産むのに踏み切った中国人科学者もいる。ロボット、AI兵器、軍事的な宇宙開発など、科学技術への過大な依存が続き、それがもたらすネガティブな側面がかつてなく広がり、深刻な問題を抱え込む。新型コロナウイルスによる感染症が世界中に瞬く間に拡がり、高度で安全と信じられていた先進国の医療システムさえも機能不全化させ、多数の死者を出し、東京五輪をはじめ様々なイベントを中止や延期に追い込んだ出来事も、グローバル経済の危うさとともに、近代的な医療システム過信の脆さを露呈した。

科学技術の持つ利便性などの光と、一方でそれがもたらすマイナス面である影を、どう賢くバランスさせるかの解決には、未だに辿り着いていない。人類社会が21世紀以降もこの地球で生き残っていけるかの最も重要な鍵は、科学技術の光と影をどうコントロールできるかである。もちろん、これは科学者・技術者だけの問題ではなく、政治家も経済人も倫理学者も等しく取り組む責任があり、我々市民も無関心でいることは許されない。

(2) 地球環境の危機の実態

地球環境の危機といっても多岐にわたり、その一つ一つには、膨大なデータの収集や分析、対策の提言が各分野の専門家からなされている。ここでは本書の性質上、私の考える「環境の危機」を、気候、生物、化学物質及びプラスチックの4つに絞ってポイントのみを記す。

気候危機

1) 気候変動から気候危機へ

今日の「気候危機」に至るまでには、まず1世紀以上（およそ130年）前のヨーロッパの科学者たちによる温室効果ガス発見がある。そしてついには、今（2020年）から5年前、パリでの国連会議（COP21）において全会一致で採択された「パリ協定」に至って、一応の国際法上の道具立てが揃った。その経緯と主要な中身と意義を次に示す。

しかしご存じのように、現在中国に次いで2番目のCO_2等温室効果ガスの排出国であり、過去からの累積排出量では断トツ第1位であるアメリカのトランプ大統領の極めて無責任で愚かしい「パリ協定（というより気候政策全般）拒否」によって大いに揺さぶられている。幸い、それ以外のほとんどの国は「パリ協定」に沿って対策を取ろうとしている（アメリカにおいても多数の州や大都市はパリ協定支持）。実際、気候危機を最小にとどめるためには、それ以外の選択肢はない。

そもそも地球の温暖化を国際社会が問題にし始めたのは、科学的なデータが出始めていた1980年代である。その頃の主要な論点は、①18世紀の産業革命以降、特に1970年代以降の地球大気の平均気温の上昇（地球温暖化）は、本当に生じているか否か、また②平均気温が上昇しているとすれば、その原因は、太陽や火山活動などの自然起因によるものか、それとも人間の活動が主体なのか、③人間が今後対策を取る、取らないによって、気温上昇はどの程度になるのか、であった。

国連はじめ国際社会はこれらの問いに回答を出すべく、1988年に世界中から招集した数千人に及ぶ科学者・専門家を主体とする大規模な「気候変動に関する政府間パネル（IPCC）」を組織した。そのIPCCは1990年以降、気候変動の科学、影響そして対応策に関する科学者らの知見を集約した報告書（アセスメント・レポート）をこれまでに5回公表している（現時点での最新版は2013～14年に公表したもの。第6回目の公表を2021～22年に予定）。これまでの知見では、上記①については、地球大気が温暖化し、気候が変動していることは「疑う余地がない」、②については、人間活動が主体をなしている「可能性が極めて高い（95～100%の確率）」、また③については、「今世紀末には、CO_2などの温室効果ガスを排出し続けると4.8℃の上昇の可能性」を指摘した。（図A参照）

また同レポートは、次のような極めて重要な知見をとりまとめているが、観測・調査結果とともに、これらの知見が「パリ協定」の締結に繋がった。

「パリ協定」までの主な経緯

●発見

ヨーロッパの科学者（フーリエ、チンダル、アレニウスら）は、化石燃料から発生するCO_2が地球の大気を温める性質（温室効果）を持つことを発見。

●観測開始

アメリカの科学者（キーリング博士ら）が、1958年よりハワイで大気中のCO_2濃度の本格的観測を継続的に開始。

●シミュレーション開始

1970年代から、日本と欧米の科学者がコンピューターを用い、地球温暖化に伴う気候変動問題に関する将来予測（シミュレーション）を実施。

●IPCC（気候変動に関する政府間パネル）の設置

1988年、国連（UNEPとWMO）が科学者・専門家のパネル（IPCC）設置。以降、活動継続。（IPCCは2007年にノーベル平和賞を受賞）

●国連気候変動枠組条約の採択

1992年、国連の「地球サミット」において、気候変動に対処するため、国連気候変動枠組条約（UNFCCC）を採択。

●京都議定書採択

1997年12月、京都にて、先進国にのみ温室効果ガス排出の削減義務を課した「京都議定書」（2008〜12年）採択。

●米、京都議定書を拒否

2001年、アメリカのブッシュ（子）政権は、京都議定書を拒否。その理由は、「科学的に不確かでアメリカ経済に悪影響を与える」というもの。

●京都議定書発効

2005年、ロシアの参加表明を受けて、京都議定書ようやく発効。

●パリ協定採択

2009年以降、国際社会は、京都議定書の後継条約づくりに悪戦苦闘。ついに、2015年12月、パリ協定が採択される。なお、この年の9月、国連総会は「2030年に向けての持続可能な開発目標（SDGs）」も採択。

●パリ協定発効

2016年11月、パリ協定が異例の短期間で発効。

● 米、パリ協定から離脱

2017年6月、米のトランプ政権は、パリ協定からの離脱を表明。(ただし、協定条文上、米は離脱表明後2020年11月までは法的には協定残留)

「パリ協定」の主要な中身と意義

2015年12月、パリで開催されたCOP21において全会一致（オバマ政権のアメリカ政府を含め）で採択され、翌16年11月に発効した気候変動対策の金字塔「パリ協定」の主な中身と意義は次のとおり。なお、同協定は、同じ2015年9月の国連総会のサミット会合で採択された「2030年に向けて達成すべき持続可能な開発目標(SDGs)」と並び、持続可能な未来を確保すべく苦闘してきた国際社会が成し遂げた「奇跡」と私は考え、高く評価している。

主な中身

● 世界共通の「長期目標」としては、工業化(産業革命)以前の地球の平均気温からの昇温を2℃よりも十分下回るよう抑え、そして1.5℃にとどめるよう努力する(現況からの気温上昇は0.5〜1℃程度以内)。

● 早期に世界の温室効果ガスの排出量を頭打ちにし、今世紀後半に実質的にゼロ(排出量と吸収量の均衡)にする。

● すべての国が排出削減目標を5年ごとに提出・更新する(更新ごとに前のものよりも進化)。

● 先進国は引き続き資金(少なくとも1000億ドル)を毎年提供する。

意義

● 今でも既に生じている気候変動の激化という現実を踏まえて、人類社会全体の対応を従前よりも加速させるものであること。

● 「低炭素化」ではなく「脱炭素化(脱化石燃料)」の方向性を明瞭に示したこと。

● 各国の削減目標を5年ごとに改訂させ、それを国連に提出。提出目標には明確性、透明性があり、理解に必要な情報の提供を含むとしたこと。また改訂ごとに、以前のものより前進させるもの(より厳しいもの)を求めるとしたこと。

● 2023年から5年ごとに、世界全体の気候変動対策の進捗状況を点検・評価するとしたこと。

IPCCの科学的知見のポイント（2013-14年公表レポートによる）

- 今世紀末にかけて、地上の平均気温は上昇し続けるが（悪くすると4.8℃）、人間社会がギリギリ許容できる昇温目標は、産業革命前と比べ2℃程度。既に1℃近く上昇しているので、これから先の許容昇温は1℃程度。（図A）
- CO_2などの現状の排出状況を前提とすると、目標の2℃上昇までには、30年ほどの時間しか残されていない。
- その目標を達成するには、2050年には世界の排出量を現状から40〜70%（日本を含む先進国は80%以上）削減し、今世紀末にはほぼゼロ、またはマイナスにしなければならない。
- その場合、CO_2をほとんど排出しないエネルギー源（再生可能エネルギー、バイオマスなど）の割合を世界全体で2050年までに現状の3〜4倍近くに増加させる必要がある。

図A　1950年から2100年までの気温変化（観測と予測）

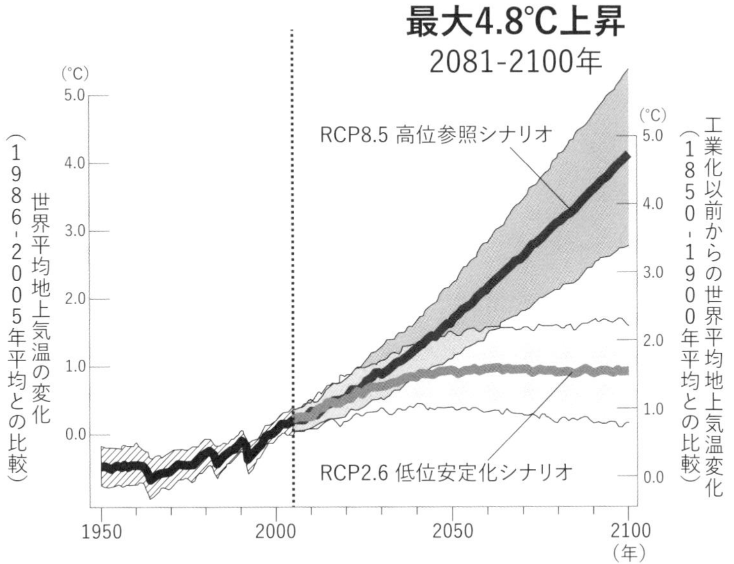

出典：環境省「図で見る環境白書」平成26年版及び全国地球温暖化防止センター「すぐ使える図表集」を基に著者作成　https://www.env.go.jp/policy/hakusyo/zu/h26/html/hj14010101.html

さて、この気候変動によって、どんなリスクが引き起こるのであろうか。既によく知られていると思うが、IPCCは次の８つのリスクがあるとし（図B）、おのおのについてデータに基づき、詳しく分析している。ここではその８つの事項を示すにとどめ、最近特に注目された事例を紹介しておく。

なお、これらの実際の被害が甚大であり、しかも将来にわたって悪化すると考えられるようになったことから、最近では「気候変動（Climate Change）」という表現では実態を十分に反映し得ないとして「気候危機（Climate Crisis）」という言葉が頻繁に使われるようになっている。20年6月、日本政府が発行した『令和２年版環境白書』においても、「気候変動」から「気候危機」へと政府の危機認識を改めている。

図B　温暖化による8つのリスク

出典：IPCC第5次評価報告書から

IPCC「1.5℃レポート」のポイント

2015 年 12 月のパリ協定において、「1.5℃昇温」が努力目標として書き込まれた。しかし、多くの専門家は、2℃以内に収めるだけでも困難であるので、1.5℃以内に抑えるにはどうしたらよいのか、また 1.5℃と 2℃とで生態系に与える影響にどんな差異があるのか十分に調査していなかったので、COP21 は改めて IPCC に対して調査を要請し、2018 年中に特別報告書を提出するように求めていた。これに応えて IPCC は 2018 年 10 月に特別レポートを作成した。そのポイントは以下のとおりである。

- 現状程度で温暖化が進めば、2030年から2052年の間に気温は1.5℃上昇すると予想
- 1.5℃に抑えるためには、2030年までに2010年のレベルと比べて CO_2排出量を45％削減することが必要（2℃昇温の場合は、20％削減）
  注）UNEPが2019年10月に発表したところによると、2010～2030年までの10年間で、1.5℃の上昇の抑えるためには、毎年7.6％のGHG（温室効果ガス）排出削減が必要（2℃上昇なら2.7％削減）
- 1.5℃に抑えるためには、①すべての部門での排出量の削減、②大気中からCO_2を除去することも含めた様々な技術の採用、③行動様式の変化、④低炭素オプションへの投資の増加、などこれまでにないスケールが必要
- 平均気温上昇から1.5℃を大きく超えないような排出経路においては、エネルギー、土地、都市、インフラ（交通と建物を含む）、及び産業システムにおける、急速かつ広範囲に及ぶ移行（transitions）が必要
- パリ協定に基づき、各国が提出した目標による2030年の排出量では、1.5℃に抑制することはできず、将来の大規模な二酸化炭素除去（CDR）の導入が必要となる可能性大

2）気象災害の頻発

日本では近年、梅雨時期から秋の台風シーズンに、極めて強力な大雨、暴風などによる甚大な気象災害が毎年のように発生しており、多くの人に地球温暖化と具体的な被害発生との結びつきが強く印象づけられる契機となったと思われる。このような被害は、もちろん日本だけでなく世界各地で発生しているが、日本での最近の主な災害例を挙げると表1-2-1のとおりである。

特に、2019年9月～10月の二つの台風は甚大な被害をもたらしたので、もう少し細かく見ると、9月に千葉市付近に上陸した15号「令和元年房総半島台風」では、暴風により全壊家屋は391棟、半壊が4204棟に上るほか、電柱、送電塔などの倒壊により、千葉県下で停電が発生。この1カ月後、台風19号「令和元年東日本台風」と関連豪雨では関東・甲信や東北地方で千曲川はじめ多くの河川が氾濫し、死者・行方不明者は107人、全壊3308棟、半壊3万24棟、浸水3万棟以上に達した。米保険仲介大手エーオンによると、台風19号の経済損失額は150億ドル（約1兆6500億円）となり、この年の世界中の気象災害の経済損失額としては第1位になったという。ちなみに、台風15号の損失額は100億ドル（約1兆1000億円）であるので、2019年の日本は二つの台風により、わずか1カ月ほどの間に2兆7500億円ほどの経済損失を被ったことになる。

なお、20年6月発刊の『環境白書』は、1998年から2017年の直近20年間の気象関連災害による被害額は、合計2兆2450億ドル（現在の円ドルレートでは約245.5兆円）で、その前の20年間に比べ2.5倍の巨額に達していると伝えている。

また、国土交通省は、18年7月の西日本豪雨による水害被害額は1兆2150億円で、単一の豪雨による被害としては、統計開始以来最大の被害額となったと20年3月に発表している。

表1-2-1　日本の最近の気象災害事例

2015年9月	関東・東北豪雨	鬼怒川(茨城県常総市)の 堤防決壊による浸水被害、死者20人
2016年8月	台風10号	小本川(岩手県岩泉町)の氾濫、死者26人
2017年7月	九州北部豪雨	桂川(福岡県朝倉市)の浸水被害、死者40人
2018年7月	西日本豪雨	岡山県、広島県、愛媛県など14府県に 浸水大被害(特に倉敷市真備町)、 死者289人、住宅被害5万棟超
9月	台風21号	六甲アイランド(神戸市)、 関空などの浸水被害、死者14人 (この台風による保険金の 支払額は約1兆700億円)
2019年9月	台風15号 (房総半島台風)	千葉県各地で電柱倒壊、死者3人
10月	台風19号 (東日本台風) 及び関連豪雨	千曲川(長野県)など 全国140カ所で浸水、死者107人 (台風15号、19号による保険金の 支払額は1兆円超)
2020年7月	梅雨前線	九州や東北地方での大雨により 甚大な被害発生

出典：発生当時の全国紙の記事を基に著者作成

表1-2-2　2019年の気象関連自然災害による世界の経済損失

月日	名称等	被害国	死者数	経済損失（米ドル）	保険支払額（米ドル）
10月6-12日	台風19号	日本	99	150億	90億
6-8月	モンスーン（豪雨）	中国	300	150億	7億
9月7-9日	台風15号	日本	3	100億	60億
5-7月	ミシシッピ川洪水	米国	0	100億	40億
8月25-9月7日	ハリケーン（ドリアン）	バハマ、カリブ海諸国、米国、カナダ	83	100億	35億
3月12-31日	ミズーリ川洪水	米国	10	100億	25億
6-10月	モンスーン（豪雨）	インド	1750	100億	2億
8月6-13日	台風9号	中国、フィリピン、日本	101	95億	8億
3-4月	洪水	イラン	77	83億	2億
5月2-5日	サイクロン（フォニ）	インド、バングラディシュ	81	81億	5億
		その他		1260億	440億
		全体		2320億	710億

出典：日刊工業新聞（2020年3月3日付）紙上の高村ゆかり東大教授の記事を基に著者作成

3）熱中症の多発

地球温暖化に伴う健康被害としては、感染症（マラリア、デング熱など）があることは比較的よく知られていたが、今回のコロナ禍により、その恐ろしさを我々一人ひとりが痛切に実感したと思われる。それに比べ、熱中症となると、昔からよく報じられているだけに、その存在はほとんどの人が知っているが、その危険さに対する認識は、実際に被害に遭った人以外では乏しいのではなかろうか。日本におけるコロナ禍の被害者と熱中症の被害者とを数の上だけで比べると、熱中症による被害の方がはるかに大きい（ただし、被害の質は全く異なる）ことを知り、私自身も認識を改めた。

まず新型コロナウイルスの日本での感染者数（累計）は、本稿執筆中の厚生労働省発表によると、2020年7月末時点の感染者数は約3万6000人で、うち死者は約1000人となっている。

一方、熱中症の方は、日本では消防庁による救急搬送者数と厚労省の人口動態統計における熱中症死亡者数の二つがあるので要注意だが、熱中症患者が特に多かった2018年においては、救急車で搬送された

図C　熱中症による死亡数の年次推移

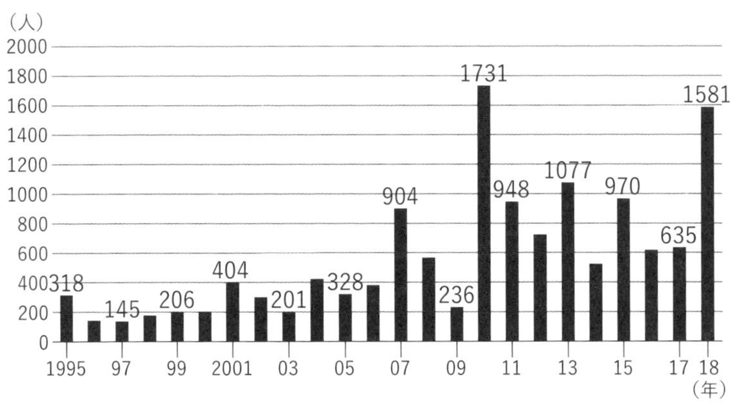

出典：厚労省人口動態統計とe-Statの複数のデータから著者作成

人の数は約9万5000人であり、死者数(図C)は1581人となっている。救急車以外(家族、自力等)で病院に行く人も相当数いることを考えると、春から夏にかけての5カ月程度の間に、10万人をはるかに超える人が熱中症で医療機関を訪れていると考えられる。

最近の傾向を見ると、温暖化(熱帯夜や猛暑日)が進むと熱中症の被害は顕著に増加し、死亡者数は1994年を境に大きく増加している。日最高気温が25℃あたりから患者が発生し、31℃を超えると急激に増加すると国立環境研究所は分析しているが、健康や生命に関する限り、夏場、怖いのはコロナウイルスだけでなく、熱中症もあることを忘れてはならない。実際、2020年8月にも、熱中症による被害は深刻になっている。

4）山（森林）火災

昔からどこの国でも森林があれば山火事は発生していた。その直接の原因も、乾燥時には木の枝がこすれて発火したり、落雷、焼き畑農業のための火入れ、あるいは意図的な放火など様々にあるが、近年は温暖化による干ばつや高温も加わって、極めて深刻な山火事が世界中(アラスカやシベリアなどの凍土地帯も含め)で発生している。

私が山火事の深刻さに初めて気がついたのは、山火事常習地帯といわれていたカリフォルニア州の火災であった。気候、風土の要因で、毎年のように発生し、大きな被害をカリフォルニア州の住民に与えており、私もノートに被害に関する報道を長いことメモしていた。その中でも、2018年11月に州の北部、パラダイスというコミュニティを中心に発生した山火事は、パラダイスという地名のところが地獄(ヘル)と化してしまうほど猛烈だった。20年2月14日付の朝日新聞の記事によると、このとき、現場は「東京23区の面積に匹敵する約620平方キロメートルが焼失し、一帯では家屋の4分の3が燃えた。犠牲者は少なくとも85人、超大国で起きた大規模な山火事は、世界に衝撃を与えた」とある。

一方、南半球オーストラリアの南東部では桁違いの大森林火災が発生した。これは日本のテレビでもしばしば放映されたのでご記憶の方も多いと思うが、2019年9月から20年3月までオーストラリア大陸の多数の地点で続いた森林火災で、日本の国土の6割にあたる2300万haという桁違いの面積が焼失。朝日新聞の記事(2020年1月29日付)によると、死者33人、焼失住宅2700戸以上、そしてコアラやカンガルーなどの貴重な動物10億匹が犠牲になったという。同記事は火災の背景として、暑く乾いた気候が近年続き森林火災の条件が揃っていた、という研究者の見方を伝えている。実際、同国の2019年の平均気温は平年より1.52℃も高く、観測開始以来、最も高かったという。また現地で消火にあたった消防隊長は「火災がこんなに広がったのは初めて。数カ月間ほとんど雨がなく、こんなに乾燥した経験もない」と話したとのことである。

幸いこれまでのところ、日本では大規模な山火事は発生しておらず、我々の関心は薄いと思われるが、山火事は森林という資源の消失にとどまらず、生物の命やすみかを奪い、CO_2や大気汚染物質を大量に排出し、人の健康被害にも繋がっている。これも近年の気候危機がもたらす一つの形態である。

5）バッタ大群による農作物の大被害

気候変動が思わぬところでとんでもない被害を起こしている最近の出来事として、中東から南西アジア、さらにはアフリカにかけてのバッタの大発生とそれによる深刻な被害のケースを紹介する。各種報道によると、事の発端は、2018年5月と10月の2回、アラビア半島の南部にある砂漠にサイクロンが接近して異例の降雨をもたらしたことによるという。これによりバッタ(体長約5㎝のサバクトビバッタ)の生育に適した環境が出現。そして翌19年1月には、同砂漠の外にも進出し、ペルシャ湾対岸のイランに達し、20年にはパキスタンやインドにも大量に進出。一方、バッタ群はイエメンから対岸にあるアフリカのソマリア、エチオピア、ケニアにも進出し、国連食糧農業機関(FAO)は、周辺のスーダン、タンザニアなどと合わせた計10カ国で国際的な支援が必要だとしている（主として20年5月18日付毎日新聞記事による）。

なぜこれが問題かというと、まずバッタの生命力の強さによる猛烈な繁殖である。それを可能にしたのは、砂漠にかなりの量の時ならぬ雨が降り、草が生えて生存条件が整えられたことで、バッタが爆発的（1㎢あたり4000万匹）に増え、草地、農地、農作物を食い荒らした上に、風に乗って長距離移動し、数千億～数兆匹にまで膨れ上がり、農作物はもとより、家畜の飼料や換金作物などの大被害（パキスタンだけで20年6月現在、5370億円相当とのよし）をもたらした。またアフリカ東部では2019年末にサイクロンや大雨があり、バッタが大発生して20年5月では2000万人が食料危機に直面するという「前例のない脅威」とFAOは強調しているという。そして本稿執筆中（20年7月）にも、この悲劇はまだ全く収まっていない。あいにくコロナ危機と重なり、殺虫剤などの必要な資材、人材の確保が困難となり、対策が思うように進められない事態が重なっているという。

これなどは、気候変動がもたらした、私たちにはほとんど想定外の深刻な惨事の一例である。

コラム 2

気候変動の経済損失推計　ースターン・レビュー

- 英国財務省がニコラス・スターン卿（元世界銀行チーフエコノミスト）らに委託して実施した気候変動問題の経済的側面に関するレビュー。その内容は2006年10月に公表され、世界中で注目された。
- その要点は、「今、行動を起こせば、気候変動の最悪の影響は避けることができる。行動しない場合、毎年GDPの少なくとも5％、最悪の場合20％に相当する被害となる。一方、対策費はGDP1％程度で済む」として、早急な対策を促した。
- 現時点で、世界のGDPは概ね90兆ドル（9900兆円）、日本のGDPは約550兆円程度であるので、その1％は、世界では約100兆円、日本では5.5兆円。スターン・レビューが出て既に14年も経っているが、世界も日本も気候変動対策にGDPの1％も支出していない。

●同レビューの末尾において、「気候のリスクを削減するには、世界が一致団結して直ちに確固たる対応策を取らねばならない。遅延が意味するのは多額の費用と危機以外の何物でもない」とスターン卿は強調していたが、十分な対策は取られない間に、世界も日本も多額の損失費用と危機を招いてしまった。

生物の危機

多くの人にとっては実感はないと思うが、生物の恐るべき大絶滅の危機が迫っているという。地球上に生息する生物は数百万種、未発見のものを含めると1000万～3000万種に上ると考えられているが、今、地球生命史上6回目の絶滅期を迎えていると言われる。異常気象や大気汚染などは素人でも実感することができるが、生き物の絶滅の危機というのは、私を含む一般人には実感しにくいのではなかろうか。ある種の鳥や水草が見られなくなったことに気がついたとしても、それが人間の生活や事業活動に与える意味を理解するのは難しいだろう。ある人いわく、「鳥がいなくなっても、見たけりゃ動物園に行って見ればいい。水草なんて何の役にも立っていない。それらを保護するのに金を使うのはばからしい」と。

生物多様性と生態系サービスに関する国際的専門家集団であるイプベス（IPBES[7]、2012年設立）は、2019年5月に「生物多様性と生態系サービスに関する地球規模評価報告書」[8]を発表したが、その中身は真に驚愕的である。すなわち、これまでに世界の陸地面積の75％が著しく改変され、海洋の66％が累積的な影響を受け、湿地の85％が消失したことにより、これまで調査した動植物のうち約100万種が絶滅の危機（そ

7 IPBES：生物多様性及び生態系サービスに関する政府間科学・政策プラットフォーム
8 「IPBES 生物多様性と生態系サービスに関する地球規模評価報告書　政策決定者向け要約」

の多くが数十年以内）にあるという。何と100万種が、しかも数十年以内に絶滅の可能性があるという。数十年といったら、今年生まれた赤ん坊がまだまだ寿命のあるうちに、約100万種の生物が地球上から姿を消す可能性が大きいということで、まさにホラー映画のような世界を見ることを意味している。

その原因は、①陸と海の利用変化（森林の開発、海や湿地の埋め立てなど）、②生物の直接的採取（乱獲など）、③気候変動、④汚染（農薬・殺虫剤、工場排水など）、⑤外来種の侵入、だという。つまり、人間（ホモサピエンス）という地球上に現れてせいぜい20万年程度の新参者が、生活環境を向上させようとして森林を切り拓いて都市や道路を造り、工場を建て、田畑や牧場を拡張し、人間にとって都合の悪い昆虫などを追い払うために農薬をふんだんに使うなど、良かれと思って一心で行動したが、結果的には、ほとんど無意識のうちに100万種にも及ぶ動植物を虐殺しようとしているということだ。そのことが人類社会にもたらす結末は、遠からず「取り返しのつかないこと」と悟ることになるだろう。

それに関連し、二つの事例を紹介しておこう。一つは、大気中のCO_2の濃度上昇により、海水の酸性度が近年上昇しており、サンゴなどの海中生物に深刻な影響が出つつあるという事実だ。IPCCなどによると、CO_2は海水に溶けると、海洋の酸性度を高め（海水のpH値は8.1だが、今世紀半ばには8.0に、世紀末には7.8となり、海の生態系は崩壊を始める可能性あり）、貝類、エビ、カニなどの甲殻類のほか、ヒトデ、ウニ、プランクトンなどにとっての脅威となる。特に海中で稚魚たちの揺りかごともいわれるサンゴ礁には大打撃となることが懸念されている、というより、もう実際に影響が出始めている。

国連生物多様性条約事務局は、海洋酸性化に伴う経済損失は徐々に増え、今世紀末までに年1兆ドル（約110兆円）を超える恐れがあるとする報告書[9]を2014年にまとめている。この数字は、水産資源の産出や

9　生物多様性条約（CBD）事務局　CBD技術シリーズNo.75（英文）
https://www.cbd.int/doc/publications/cbd-ts-75-en.pdf

観光などで世界の約4億人の生活を支えるサンゴ礁が大打撃を受けることを中心に試算したものという。

通常、我々は海を見ても、その色や風光には気を配るが、海水の酸性化が進み甚大な被害が迫っていることには気が回らないのではなかろうか。真に恐ろしいことだ。

もう一つの事例は、日本の国蝶オオムラサキすらも絶滅の危惧種になりそうだという環境省と日本自然保護協会の2019年11月の発表[10]だ。それによると、国内の里山(全国で約200カ所を対象)で2005〜2017年度に野生動物の生息状況を定点観測した結果、日本の国蝶とされるオオムラサキを含め、身近にいるべきはずの蝶87種のうち34種がこの10年あまりで急減していることが判明した。この減少ぶりは絶滅危惧種に指定されてもおかしくないほどであるという。

私はそれを知った時、「何たることか。その美しさや品格ゆえに国蝶として大切にしていた蝶まで我々は滅ぼそうとしているのか。しかもこの危惧は蝶だけにとどまらず、ノウサギもゲンジボタルもヤマアカガエルも、そして我々が好んで食べるニホンウナギやマツタケも危ないとは……」と怒りと同時に悲しみさえも感じた。

化学物質による危機

化学物質による健康被害といえば、かつて日本は水俣病、イタイイタイ病、石油化学コンビナートからの汚染などを経験し、マスメディアも大きく取り上げたことから、社会的にも行政的にも徹底した対策も取られ、一定の成果を挙げた。しかしそのためか、化学物質に対する関心も危機感も、特に日本では低下している。言うまでもなく、化学物質は医薬品、化粧品、食品添加物、農薬、洗剤、防虫剤、消臭・芳香剤、プラスチック添加剤など、実に広範囲に使用されているため、一つ一つの濃度は微小でも、憂慮すべき事態は、静かに、確実に進行

10 モニタリングサイト1000里地調査2005-2017年度 とりまとめ報告書

している。しかし大多数の人々はそのことを知らない。

事例はたくさんあるが、かつて「環境ホルモン」として知られ、一時期はメディアなどでも大騒ぎされたが今では日本では不自然なまでに忘れられている「内分泌かく乱化学物質」についてのある一面（といってもとても恐ろしいことだが）について紹介する。この化学物質の害は、専門家により様々に報告されているが、ここでは成年男性の生殖機能に及ぼすと懸念されている事例を、日本の環境NPO／NGOの連合組織である「グリーン連合」が毎年発刊している市民版環境白書『グリーン・ウォッチ』2018年版の記事から紹介しておく。

それによると、欧米の一般男性の精子数が過去40年間でほぼ半減し、このまま進むと2040年には健康レベルから9割低下の精子1mℓ中1000万個を割り込むと推定され、既に現在でもデンマークの研究者は「デンマーク人男性の20％以上は既に生殖能力はない」と述べているとのこと。また同白書はアメリカの代表的研究者の「男性不妊の負のスパイラルはもはや食い止められない」とのコメントも紹介している。同白書は、日本人男性の精子数もほぼヨーロッパ並みの低水準にあることを指摘しつつ、「こうした精子数減少に影響を与えていると見られる有力な要因が環境ホルモンである」と極めて憂慮すべき状態にあることを指摘している。

日本に限らず、先進国で進行している少子化の原因としては、通常、貧困、格差などの経済的要因が挙げられることが多いが、それに加えて（もしかすると決定的な要因かもしれないが）男性の生殖機能に様々なルートから取り込まれる「環境ホルモン」にも注目すべきであろう。これらの研究結果が正しければ、そう遠くない将来に子孫を残せないことによる究極の少子化現象を世界中で引き起こしかねない。

化学物質が原因の一つと考えられるもう一つの深刻な問題に、児童の発達障害がある。「発達障害」とは、自閉症、注意欠陥多動性障害（ADHD）、学習障害、自閉症、情緒障害などの障害をいう。この問題は、小中学校の教員や該当する児童を持つ家庭にとっては極めて深刻との認識は以前からあるが、その原因としては、これまで「親の育て方が悪い」とか「遺伝の問題」として片付けられ、また教育関係者も、プライバシーにも絡まる微妙な問題を含んでいるため、この問題の重要性を社会に広く訴えることも少なかったので、社会全体がこの問題の今日的意味を問い、本格的な対策を取るに至っていない。

しかし、『グリーン・ウォッチ』2017年版において紹介されている統計によると、発達障害の特別支援学級に在籍または通級指導を受けている児童・生徒の数は近年急増(2004〜2014年の10年間で4.2倍)している。また小中学生だけに特有な症状ではなく、青年になり中高年にも引き継がれる可能性が大きいと思われるので、今やこれは社会の問題として真正面から取り組む必要がある。発達障害の原因は現時点では未だ解明されていないが、環境化学物質(重金属、残留性有機汚染物質、PCB、ダイオキシン、有機塩素系農薬、環境ホルモン、ネオニコチノイド系農薬など)が脳内に侵入することが原因の一つになり得るのではと、科学者の間で注目されている。

なお、20年5月末に刊行された最新の『グリーン・ウォッチ』2020年版は再び環境ホルモン問題を取り上げ、EUにおける規制やアメリカ国内の研究者の最近の極めて注目すべき動きを紹介している。その中で私が特に重視するのは、環境ホルモンが様々に引き起こす疾病による社会的コストは、EUでは1年間で1630億ユーロ(日本円で約23.8兆円)となり、GDPの1.2%を占めたことである。アメリカではコストはさらに跳ね上がり、年間3400億ドル(約37.4兆円)でGDPの2.3%になったという。しかも、この試算の対象とされたのは、数ある環境ホルモンのうちのたった5%に過ぎない。また、起こりうる疾患もごく一部しか評価されていないという。この試算のリーダーを務めたニューヨーク大学医学部のレオナルド・トラサンデ教授は、「明らかに過小評価だが、それでもGDPの1.2〜2.3%ものコストが発生している。大きな氷山の一角に触れているに等しい」と警鐘を鳴らしていると、ダイオキシン・環境ホルモン対策国民会議代表の中下裕子氏は書き添えている。GDPのたった1〜2%台の話と思ってはいけない。単純に日本に当てはめれば、GDPの1%とは毎年5兆円規模の政府出費となる。環境分野だけでも、他に気象災害で数パーセントの損失が考えられ、生物激減によっても出費は毎年重くなる。20年のコロナ禍対策だけでも、既に57兆円規模の出費となっている。これらの原資は我々の税金であり、出費は当然、国や自治体の財政を圧迫し、また企業会計や家計も圧迫する。

環境の危機とは、気温が上昇したり大風が吹いたり洪水が発生するだけの現象では済まない。今はまだそれに伴う出費の大きさを実感している人は少数だと思うが、環境ホルモン問題一つ取っても、そのツケは間もなく払わされることになり、毎年確実に、少なく見積もってもGDPの1〜2%の出費が国、自治体、家計、企業会計などにのしかかることを意味する。だから私は、「環境の危機」も、正真正銘の危機だと主張している。

表1-2-3　トラサンデ教授がすすめる安全かつ簡便な対策

- 有機栽培の食品を摂取する。
- 缶詰類を避ける。
- プラスチック製容器をレンジ加熱したり、食器洗い機で洗浄しない。
- 外気は電化製品やカーペットから出る化学物質の濃度が低いので、毎日数分でも室内の空気を入れ替えれば、その他の残留化学物質も排出される。
- 発泡剤がむき出しになっている古い家具を新しいものに替えるか、発泡剤をカバーで覆う。
- 可燃性が低い天然繊維（コットンやウールなど）で作られた製品を購入する。
- ホコリがたまるのを防ぐため、定期的にHEPAフィルターの付いた掃除機で掃除して、湿らせたモップをかける。
- 子供に難燃性の製品を触ったり口にしたりさせない。
- ヨウ素を多く含んだ健康的な食事をとるようにする。

出典：市民版環境白書『グリーン・ウォッチ』2020年版

なお、トラサンデ教授が推奨している簡便な環境ホルモン対策を、『グリーン・ウォッチ』2020年版は紹介している。これを見て私はすぐに、6歳の子どもがいる息子夫婦にぜひ参考にするように電話した。本書の読者の皆さまにも、ご参考までにそれを表1-2-3として掲げる。

プラスチックごみ

プラスチックは、経済的便益と環境保護の必要性の間のバランスを取ることの難しさを象徴する最もわかりやすい事例ではなかろうか。石油由来の人工素材の一種であるプラスチックがこの世に現れたのは20世紀の初め(1907年)であった。軽く、安価で丈夫で成形しやすいなど人間にとっては誠に使い勝手の良い夢のような材料特性のため、たちまち時代の寵児となり、様々なところで使用されるようになった。したがって生産量は図Dが示すようにうなぎ上りに増加し続けている。プラスチック工業の黎明期ともいうべき1950年の世界の生産量は150万トンであったのが、2015年には3億2200万トン、2020年では4億トンに近づいていると思われる。つまり70年間で約260倍の驚異的増加だ。

日本で広く使用されるようになったのは1960年代以降であるが、1970年代になると、プラスチックごみ問題が早くも出始めた。この頃の典型的な問題は、自治体が所有するごみ焼却炉ではプラスチックごみが増えると炉内温度が上がりすぎて故障してしまうことであり、都市の清掃部局は、プラごみの焼却処理ができるよう施設を"近代化"するのが課題であった。

しかし、消費者側から見たプラスチックの使い勝手の良さ、特に食品の容器として、また包装材として手軽で衛生的であるため、使用量は急速に増加し、それに伴い家庭などから出てくるプラごみも増加した。そして消費者を真ん中に挟んで、プラ容器生産者・使用者と自治体ごみ清掃当局との間の対立は、年ごとに深刻化した。当時、私は厚生省の廃棄物行政の担当課長のポストにあったが、直面した課題は大

図D 世界のプラスチック生産量（1950～2015年）

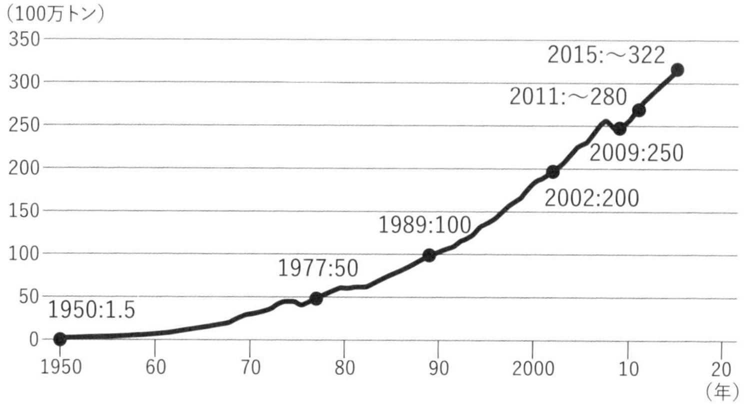

出典：Plastics*Europe*
https://committee.iso.org/files/live/sites/tc61/files/The%20Plastic%20Industry%20Berlin%20Aug%202016%20-%20Copy.pdf

きく分けて二つあった。一つはプラごみの「量」の問題、いまひとつはプラごみの「質」の問題だ。量の問題とは、プラ容器は軽いがごみになると容量は大きくなりかさばる。当時、プラごみには埋め立て処分が多かったので、埋め立て地不足の問題が深刻化した。質の問題とは、プラごみを焼却処理すると、当時の技術だと毒性が非常に強いダイオキシンが発生することが判明して、焼却場周辺の住民と清掃部局の間で大騒ぎになっていた。

この問題の対応策としては、量の問題に対しては、「拡大生産者責任」という新たな原則を立てて、ドイツでのやり方に学んで容器包装リサイクル法を1995年に制定した。また質の問題に対しては、1999年にダイオキシン類対策特別措置法を制定するとともに、ダイオキシン対策のための施設の導入促進と政府からの補助制度の充実で何とか乗り切った。その後2000年には、循環型社会形成推進基本法を成立させて、3R（Reduce,Reuse,Recycle）の掛け声の下、資源循環のリサイクル社会づくりを進めてきた。

こうしている内に、2015年頃からは海に漂うプラごみ（特に粒径5mm以下の「マイクロプラスチック」）の海洋生物に対する悪影響がにわかに注目されるようになり、一気に「もう一つの地球環境問題」として政府の首脳レベルの会合でも取り上げられるようになった。

現在、プラスチックは世界中で毎年約4億トン近く（日本では約1000万トン）が生産されているが、そのうち海に流出する分は約800万トン（478万～1275万トンとの推計あり）と推定されている。

2016年1月には、ダボス会議の主催団体である世界経済フォーラム（WEF）と「エレン・マッカーサー財団」が、対策が進まなければ2050年には海洋中のプラごみの重量が魚の総重量を超過するとの試算を公表[11]し、世界中にショックを与えた。2018年1月、EUは、2030年までに使い捨てプラスチック包装容器を全廃する「海洋プラスチック憲章」をまとめるなど、政治レベルでも急速に動き出している。

また日本政府も、2019年6月に大阪で開催されたG20（主要の20カ国・地域）首脳会合の議長国として、海洋のプラごみ対策に積極的な姿勢を見せている。国内対策としては、2030年までに使い捨てプラスチックの排出の25%削減、プラスチック製容器包装の6割を再使用またはリサイクル、プラスチックの再生利用の倍増などの「プラスチック資源循環戦略」を定めているが、その実現のための具体的中身づくりは政府内で足並みが揃わず、20年7月の時点では策定されていない。この遅れに危機感を持ったか、産業界有志が業種の垣根を越えて「クリーン・オーシャン・マテリアル・アライアンス（CLOMA）」なる組織（会長は澤田道隆花王社長）を立ち上げ、20年5月にアクションプランを発表した。その中で2030年までには化石燃料由来のバージンプラスチック25%削減、50年までにプラ製品リサイクル率100%などの数値目標を発表している。この動きとは別に、サ

11 The New Plastics Economy: Rethinking the future of plastics（英文）

ントリー、東洋紡、レンゴーなど12社の共同出資により、使用済みプラスチック再資源化事業に取り組む新会社設立の動きもある。

海のプラごみの問題点としては、環境中で分解しないものが大部分なため、極めて長期にわたり海（海岸、海中、海底）の美しさを損なう他に、主に次の4点が指摘されている。

- 海水中に存在するPCB等の有害化学物質をプラごみ、特にマイクロプラスチックが吸着して、それを海洋生物が体内に餌として取り込み、海の生態系の健全性に影響を及ぼす恐れ。
- 海洋生物（魚、海鳥、カメなど）が餌と誤食して消化不良になる事例が多発。地中海に面したスペイン沖で死んで打ち上げられたマッコウクジラ（体長約10m）の胃と腸から29kgのプラごみが出てきた事例などが2018年2月に報告。
- プラスチックそのものも、可塑剤、酸化防止剤、劣化防止剤、着色料などの添加物を含んでおり、それを魚、海鳥等の食物連鎖により人間が摂取する、人への健康影響の可能性。
- プラスチックごみは海洋で漂流中に波力や太陽光などで分解すると、温室効果がCO_2の25倍もあるメタンを発生し、温暖化を加速する可能性。

このように、便利で不可欠な材料であるプラスチックも、一方ではその使用後には深刻で解決が困難な環境問題を内包している。この解決に知恵を絞ることは、プラごみ問題を超えて、気候危機など地球環境の危機への正しい対処の道筋にも繋がるものと考えられる。

第2部

不十分な対応

第１部において、環境危機の深刻さ、甚大さを説明したが、それに対する対応を、国際的にも国内的にも十分に取ってきたとは言えない。第２部では、なぜそのようになってしまったのかの理由を検討する。

2-1 環境危機への これまでの不十分な対応

長い人間の歴史の中で、ローカルな環境問題はどこの国でも地域でも、しばしば経験してきた。鉱山の開発に伴う自然破壊のほか、汚水や廃棄物の問題、行き過ぎた木材資源開発のために生じた山林の荒廃、町場への人口集中に伴う生活排水やごみの処理、かまどから出る大気汚染などであり、その都度、その地域で解決されてきた。しかし、今から半世紀ほど前に、地球規模の環境問題が出現し、それなりの対応策は取られたが、その多くは解決どころか、深刻の度合いを深めている。

(1) 国際社会の主な取り組み経緯

人間社会の政治・経済のあり方に影響を与える地球規模の環境問題（地球環境問題）として、国際政治のレベルで初めて明確に認識されたのは、1969年5月、当時の国連事務総長ウ・タントの名で発表された「人間環境に関する諸問題」と題する長文のレポートであると私は考えている。その中で事務総長は、「国連における討議を通じて、人間の環境に危機の迫っていることが、人類史上、初めて強調された。この危機は先進国をも発展途上国をも一律にまきこんでいる全世界的な規模のものである。この危機の前兆は、これまで長い間にわたって人口の爆発的な増加や環境の改善に強力・効果的な技術を十分に適用しなかったこと、農地の荒廃化、都市のスプロール、開発可能地域の減少、多種多様の動植物の絶滅の危機増大等の形で現れてきている。もし現在の傾向がつづくならば、地上における生命の未来が危険にさらされかねないことは、しだいに明白になりつつある」との注目すべき認識を表明していた。当時、私は厚生省の公害部で、日本各地で噴出し始めていた公害事案への対応に忙殺されていたが、このレポートを見て、世界で発生しつつある人間環境への危機というものに、初めて目を開かされたことを鮮明に覚えている。

国連事務総長の認識は、人類史上かつてなかった高度成長下にあって、科学技術の巨大かつ急速な進展に対する危惧も浸透しつつあった当時の世界にアピールし、大きなニュースとなって世界中を駆け巡った。このニュースは、その前年に正式に開催を決定していた国連人間環境会議への緊張感や期待を盛り上げる結果にもなり、日本を含む先進各国で当時吹き荒れていた公害反対運動と相まって、人間環境に対する危機意識を世界的に広めるのに寄与した。

かくして1972年6月、今となっては人類史上画期的と評価される「国連人間環境会議」(ストックホルム会議)が開催された。ここで採択された「人間環境宣言」は、地球環境問題の国際政治における位置づけの明確化と対策の方向性を示しており、その取り組みの第一歩は、国連組織内で環境問題を担当する役所として、UNEP(国連環境計画)を創設したことである(本部はナイロビ郊外)。

この後20年経った1992年6月には、国連環境開発会議、いわゆる「地球サミット」がリオ・デ・ジャネイロで開催されたが、ここでの地球環境への取り組みも光っている。人類社会が進むべき道として「リオ宣言」が採択され、具体的な行動としては、気候変動枠組条約、生物多様性条約、砂漠化対処方針(しばらく後に条約化)などを採択した。このリオ会議では、ストックホルム会議の時以上に多数の非政府機関(自治体協議会、企業団体[日本からは経団連も参加]、NGO、青年団体、女性団体、先住民団体など)も参加して会を盛り上げ、地球環境問題は政府の力だけでは解決できないことを強く印象づけた。

そして2015年9月には、国連総会は、2030年までに持続可能な社会を構築するため、貧困、健康、水、エネルギー、気候変動など17分野の目標(SDGs)を定め、各国に行動を求めた。また同年12月には、気候変動対策に全ての国が参加し、化石燃料を最終的には廃止して脱炭素社会を目指すことを決意した「パリ協定」を採択した。

もちろん、このほかにも数え切れないほどの環境の各分野の国際会議が毎年どこかで開催され、宣言が出され、条約や協定などが締結され、行動計画が策定され、資金提供が約束されている。また、地方公共団体も企業団体もNGOもメディアも学者も、それぞれ精一杯の努力をしていることは間違いないが、私自身は、過去50年間の環境問題に対する国際社会の取り組みの中で最も重要なマイル・ストーンを示せと問われれば、先の三つ**（1972年のストックホルム会議、92年の地球サミット、そして2015年のSDGsとパリ協定）**を挙げたい（これらの諸会議における私の関わりは第3部の3-1に譲る）。

ただ問題なのは、50年以上も時間をかけ、おびただしい数の会議を開催し、数々の論文や報告書は発行されてきたが、その結果、地球の環境は少しでも改善されたか、である。

もちろん、部分的にはいくつかの成果を挙げることはできる。例えば、1970年代から多数の関係者により熱心に取り組まれてきた油による海洋汚染問題や、1987年のモントリオール議定書に沿って対策が取られたオゾン層の破壊問題などは、その成功例であろう。

しかし、それら以外、特に前部1－2で紹介した気候、生物、化学物質、プラスチックなどでは未だ改善が見られない。大相撲の勝負に例えれば、さしずめ良くて2勝13敗の惨憺たる成績だと評価している。なぜそうなのか、の理由についての私の考えは、この後2－2で述べるが、その前に国内の地球環境対策のごく大きな流れだけ簡潔に見ておきたい。

(2) 国内の地球環境対策の経緯

日本政府は1990年7月に、環境庁に地球環境部を設けて専門的に取り組む体制を整え、世界の先頭に立って環境対策を推進すると宣言はした。確かに、専門部局を立ち上げたのは世界でも最も早い方だったろう。同部は「地球温暖化防止行動計画」を、同年10月に世界に先駆けて策定し、一定のインパクトを国際交渉に与えた。また、地球サミットの成果である「持続可能性」の理念を日本の環境法制にも取り込むため、1967年に制定されていた公害対策基本法を廃止し、環境基本法を1993年11月に制定した。これにより、公害対策という高度経済成長時代の枠組みを拡大し、自然環境の保全や地球環境対策、さらに国際協力などを含めた法体系を確立した。1997年には、日本政府が第3回の気候変動対策の国連会議（COP3）を京都でホストし、大木浩環境庁長官の議長の下で、地球温暖化対策の最初の具体的な協定である「京都議定書」の採択にこぎ着けた。中央の行政組織としても、1971年に総理府の下に置かれた環境庁を2001年には格上げして環境省を設立した。また2006年に発足した第一次安倍晋三内閣は、翌07年6月に「21世紀環境立国戦略」を策定し、世界をリードする旨表明した。さらに2008年には生物多様性基本法を制定し、2010年には生物多様性保護のための国連の条約会議（COP10）を名古屋市でホストし、世界共通の対策目標として「愛知目標」を設定、といった具合に、この頃までは、それなりに、ある時はリードし、またある時は先頭集団に何とか食らいついていた観はある。

しかし2011年3月の東日本大震災とその後発生した大津波により、東京電力福島第一原子力発電所の3基がメルトダウンするという未曾有の大事故もあってか、2012年12月に政権に復帰した安倍晋三首相は、アベノミクスなる経済成長路線を追い求めるばかりで、環境危機への実質的な対応においては、見るべき成果は挙げていない。いやそれどころか、ズルズルと後退していったというのが、国内外の専門家の一致した評価ではなかろうか。

以上は主として政府の動きであるが、地方公共団体や民間の動きには、政府よりも前向きな動きがいくつも見られる。特に、東京都の独自の条例「環境確保条例」に基づく気候変動対策は高く評価すべきものがある。民間でも地球サミット前後から、国際的な潮流に沿って、大企業は競ってISO14001の取得や環境報告書の公表などの「環境経営」に努めるようになり、環境対策推進部などの専門組織も置かれるようになった（もっとも08年のリーマン・ショック後はかなりトーンダウンしてしまったが）。

一方、大企業以外や家庭でも多くの人が省エネに努め、ハイブリッド車に乗り換え、太陽光発電パネルを取り付け、ごみは分別して出し、工場内も不必要な時は電気が自動的に消えるような設備が至る所に設置されてはいる。素晴らしいこととは思うが、それによって環境が全般的に改善したかといえば、そのような結果は出ていない。それどころか世界中で、気候「変動」は「危機」へと変化し、生物の種や個体数は激減し、化学物質は主に男性の生殖機能にも悪影響を与え始め、プラスチックごみも目につくようになってきた。

このような状況に対し、世界中のNGOや有識者は様々な局面において、対策を大幅に拡充すべきことを訴え、政治家や行政当局に、メディアと共に働きかけを続けているが、坂道を転がり落ちるような悪化傾向を止めることはできていない。

そうした中で、この状況に真から危機感を抱いたスウェーデンの一少女グレタ・トゥンベリさんは、2018年、たった一人でスウェーデン議会の前で、気候危機に対する政策の不十分さに対し抗議活動を開始した。彼女のこの捨て身の行動は、やがて多くの人の共感を得、世界中が注目するようになり、今や日本を含む多くの国の若者たちを大きく動かし、ついに世界的に重要な会議に招かれて歯に衣着せぬ鋭いスピーチをすることになった。

私の見るところ、これまでの彼女のスピーチの特徴は、ある特定の政権や企業グループなどを批判するものではなく、もっぱら今日の持続不可能な経済社会を築いて子どもたちの未来を奪った世界中の大人社会そのものの責任を厳しく問うものである。19年9月の「国連気候行動サミット」に招かれて、首脳陣を前にしてグレタさんは、ある時は涙を流しつつ、語気鋭く次のように言っている。「あなた方は空っぽの言葉で私の夢や私の子ども時代を奪ったのです。でも私はまだ幸運な方です。

たくさんの人が苦しんで、死にそうになっています。生態系全体も崩壊しつつあります。私たちは大量絶滅の入り口にいるのです。そんな時でも、あなた方はお金のことや経済成長が永遠に続くかのようなおとぎ話しかしていません。よくそんなことを言えますね」と。

グレタさんに厳しく批判されるまでもなく、国際社会も国内も、それなりに対応は取ってきたのだが、なぜそれが今日まで「不十分」にとどまってしまっているのか（まさにそれが環境危機の特異性を構成している）、次の章で検討する。

2-2 なぜ不十分な対応を許してきたか

これまでも繰り返し述べてきたように、地球環境の危機は、1970～80年代あたりから、多くの専門家やNGO、見識ある政治家、企業人の目にも少しずつ実体が見え始めていた。しかしそれから40～50年が経過し、科学的、客観的事実が積み上がり、国連をはじめとする国際機関も動き出し、科学・哲学・経済学等の分野の賢人・哲人などと呼ばれる人たちも様々に声を上げ、社会に訴えかけてきたにもかかわらず、危機を止めるのに必要で十分な対応が今日までとられなかったのはなぜだろうか。私はそのことを、NPOを立ち上げて以来ずっと考えてきた。

ただし、地球環境の危機といわれるものの中で、かつて大いに心配されたもの、例えば「オゾン層の破壊」や「油による海洋汚染」のように、人間が真剣に取り組んだ（いや、取り組める条件があった）ものは、代替品をマーケットに出したり船舶や港に油の処理施設を整備することなどによって、克服の目途がついたものもあり、地球環境のすべての事象に対し、これまでの対応が不十分だったというわけではない。

しかし１－２で紹介した気候危機、生物種や個体数の激減、環境ホルモン等の化学物質のインパクトや山林の激減等の、今日の地球環境危機といわれるものの“主役”たちに対しては、それなりの対応はあるものの、これまでは不十分であり、したがって危機克服の姿は見えてきていない。その理由は、もちろん単純ではない。危機の対象によっても、国によっても、時代によっても、また民族の文化的伝統によっても異なるだろう。しかしここでは、日本を念頭に議論をすすめる。私の見方では、(1) 危機発生の原因と要因の分析、そして特に日本については (2) 危機感の薄さ・関心の低さ、(3) 技術力の過信、(4) 幅広い視点から対策を取るのに欠かせない市民力（主体はNPO／NGO）の貧弱さ、の四つに焦点を当てる。

表2-2-1　環境危機の特徴

	直接的原因	原因行為の要因	その背景
気候危機	● CO_2など温室効果ガスの増加 ● 森林火災 ● 凍土融解（メタンの噴出）	● エネルギー需要の増加（工場、建物、交通機関等） ● 農地造成（森林伐採） ● 気温上昇	● 世界の人口増加 ● 経済規模拡大要求 ● 便利さ、快適さの欲求
生物種、個体数の激減	● 土地改変・鉱物資源開発 ● 農薬使用量増加 ● 乱獲 ● 海洋の酸性化	● 食料・鉱物資源の確保 ● 農地・宅地・公共用地の需要増加 ● 希少動植物の換金	● 世界の人口増加 ● 都市等人間圏の膨張 ● 住民の貧困
化学物質のインパクト	● 農薬使用量の増加 ● プラスチックなど人工素材への需要増加 ● 添加剤、防腐剤、芳香剤等の使用増加	● 農作物の量・質の確保 ● 軽量・安価・丈夫・成型容易 ● 殺虫剤、芳香剤などの生活の質向上の要求	● 世界の人口増加 ● 生活の豊かさ、便利さ、快適さへの要求増
山林の大減少	● 木材資源への需要増 ● 土地改変（森林→畑など） ● 高温・干ばつ・小雨などによる森林火災	● 建物・家具・紙への需要増加 ● 森林の換金作物用農地への転換 ● 土地法制の不備	● 世界の人口増加 ● 森林住民の貧困 ● 森林や土地管理制度の不備

（著者作成）

(1) 危機発生の原因、要因は人間の欲求の程度にある

1－1でも記したように、現在の人間を取り巻くいくつもの深刻な危機の中で、環境の危機は他と異なる特異性を有する。環境の危機発生の原因や要因は、一言で言えば、生活水準の向上という人間のまっとうで自然な願いであり、それと危機とはコインの裏表の関係にある、ということだ。コインの表の「まっとうな欲求」と、それと不可分な裏の「環境の危機」とを引き離すことは極めて困難だが、ここにこそ「希望」はあると考えている。

では、どこに希望があるのだろうか。「まっとうな」欲求と書いたが、今日の社会は「まっとう」というより「度を越した欲求」ないしは「貪欲」な欲求になっている部分がかなりあるように思う。例えば、今でも東京の品川と名古屋の間は東海道新幹線「のぞみ」で約90分で結ばれている。にもかかわらず、これを電気を4倍も使ってでも40分に短縮したいとか、真夏のカンカン照りの日でも冷房をガンガンかけて人工雪を作りスキーをしたいというのは、果たして「まっとうな欲求」であろうか。私には「まっとう」、つまり人間として自然な欲求とは思えないが、「まっとう」だと考える人も少なくないだろう。まして、これらの活動の結果、GDPが増え、景気も良くなり、雇用も増えるだろうと考える人にとっては、上記の2例は許容できることだろう。

しかしながら、気候危機の原因となるエネルギー消費量はできるだけ減らすべきと考える人にとっては、許容しがたいものである。生活水準は向上すべきとの認識では一致しても、個々のプロジェクトに対する判断には分断が生じる。この場合、もし貪欲派が多数であったり、政治的に有力であれば（今はほぼそうだ）、「まっとうで自然な欲求」派の意見や政策は採用されず、結果として環境負荷は増大し続ける。簡単に言えば、これが恐るべき環境の危機に対して必要で十分な対策が講じられてこなかった有力な理由と私は考える。

それにもかかわらず、なお「希望」があると言ったのには理由がある。

それは、一つには、1－1で述べたように、50年前までは地球環境は持続可能なレベルでほぼ維持されていたこと、つまり危機になったのはそう遠い昔の話ではないこと。そしてもう一つは、「貪欲」を「分別のある（正当）」な欲求に変え、それに応じた経済の姿をつくればいい、ということだ。実は私はコロナ危機の前には、それはほとんど不可能ではないかと悲観していたのだが、コロナ危機で自分や家族、仲間たちの生命の危機や倒産・失業などの経済危機を前にしたら、日本人のほとんどは当局からの「要請」を受け入れ、行動の「変容」を、少なくとも第一波に対しては自主的に実行した。コロナ危機でもできたのなら、本質的にはもっともっと大規模で長期にわたる「環境の危機」が本格的に出現すれば（実はほとんどその域に近づいているのだが）、「貪欲」は引っ込み、「分別のある欲求」が前に出てくるはず、と私の判断は“進化”したのだ。つまり、人間の欲求の程度や内容が、環境に危機をもたらすかどうかの重要なファクターになることを確認した。

そこで改めて、人間の欲望をどうコントロールするのかについて考えてみる。

人間の「欲望」は、生物として不可欠な食欲、性欲はもとより、名誉・権勢欲、事業欲などいつの時代でもあり、それ自体が人間の存在や活動の源泉であるので、必ずしも悪いことばかりではない。しかし放っておけばどんどん膨らんで身を滅ぼすに至ることは、いつの時代にも見られる。旧約聖書にある「バベルの塔」の物語などはその一例であろうが、20世紀に入って人口の増加や科学技術を駆使しての物的な豊かさの増大、さらに自由競争の原則を背景に、欲望の膨張は続いている。

そこでこの欲望を人間社会の中でどうコントロールするかは大問題である。近代以前は、宗教（信仰）のほか、刑罰、「身の丈を知れ」などの民間の知恵、集落の掟、家訓やご先祖様の言い伝えなどが、その役割を担っていた。特に世界中の宗教にとっては、いずれもこの膨張する欲望、つまり貪欲とどう対峙するかが、生老病死の問題とともに最も大きな課題であったと思われる。そのために、どの宗教でも戒律を厳格に定め、人々に欲望の抑制を教えてきた。

多くの日本人にとって大きな影響力を有していた仏教も例外ではない。世界で広く読まれている『仏教聖典』(㈶仏教伝道協会編)は、今から2500年前に生きたシャカ(釈尊)が、この問題に様々な場面でどう説いたかを生きいきと語っている興味深い書物だ。シャカは最晩年、クシナガラの郊外、沙羅双樹の林の中で「教えのかなめは心を修めることにある。だから、欲をおさえておのれに克つことに努めなければならない。身を正し、心を正し、言葉をまことあるものにしなければならない。貪ることをやめ、怒りをなくし、悪を遠ざけ、常に無常を忘れてはならない」と最後の教えを説いたと伝えられている。

現代に生きる我々にとっても、上述のシャカの教えは基本的には今なお有効であると思うが、2500年前とは社会・経済・文化面ではまるで違った環境で生きており、人間の欲望をコントロールするものも違った形となるのは当然であろう。特に現代人は、過去2世紀余の間に、西洋社会で形成された自由、平等、人権などの民主主義の諸原理を体得してきているので、欲望の抑制と「自由」との関係は微妙なものとならざるを得ない。

現代の環境の中で生きる個人や企業・組織の欲望をコントロールするものとして、私は、かねてから「環境倫理」が中核となると考え、かなり以前だが、表2-2-2のような十カ条を提案している(『地球市民の心と知恵－なぜいま環境倫理か』中央法規出版、1997年12月)。しかし残念ながら、これまでのところ社会からの反響はほとんどない。それは現在の日本社会が広く共有している「経済優先」マインドは、環境倫理とあまりにかけ離れているからだろうか。

表2-2-2に掲げたの環境倫理十カ条のうちでも、私が特に重要だと考えているのが「抑制」である。しかし「抑制」は自由の抑圧だとして嫌い、拒否する人も少なくない。ある著名なエコノミストに、環境政策を進める上での「抑制」の重要性を語ったところ、言下に「それはだめ

表2-2-2　環境倫理の十カ条

循環 地球の限界の中で人類社会の持続性の確保	● 地球の環境には限りがあることを常に考えに入れること ● もののいのちを大切にし、「もったいない」という心で生きること ● 先祖に感謝し、子孫の活動基盤を維持するよう常に心に留めること ● 不要物の再利用や自然への還元を不断に心掛けること
共存 生き物あっての人間の生存および人と人との共生の自覚	● 地球に生まれ、他の生き物と共に生きる幸せを感謝していること ● どの国の人も、この地球に生を享けた市民として受け入れること ● 世界の一部がこければ、やがてどの国もこけることを悟ること
抑制 貪欲は結局は人間社会を破壊するという自覚	● 貪欲のために地球の環境を損なっては元も子もないと自覚すること ● 足るを知り、自然や文化を愛して心豊かに生きること ● 量の拡大ではなく、質の充実を求め、尊重すること

（著者作成）

だ。抑制などとネガティブなことを言ったら人は動かない」と拒否されたことがある。そんな折、抑制の重要性を説く素敵なエッセイに出会った。かなり前の文章だが今でもそのまま通用すると考えるので、そのエッセンスを紹介したい。それは、ロシアの作家アレクサンドル・ソルジェニーツィン氏（1970年ノーベル文学賞受賞者）の言葉である（2000年3月15日付、読売新聞朝刊「私の二十一世紀論」欄）。

「深刻化する環境破壊は将来、気候帯を変化させ、真水や耕地に恵まれていた地域でも水と土地の不足を引き起こしかねない。それは、人類の生存を揺るがす新たな紛争を招く可能性がある。つまり、人と人との生き延びるための戦争だ。

こうした事態を回避するには、我々が自らの欲望を制限する必要がある。公の場でも私生活においても、我々はとうの昔に、自制という名の黄金のカギを海の底に落としてしまったので、己に犠牲を強いたり、無欲になることは難しい。しかし、自己抑制は、自由を手にした人間が目指すべきものであり、また、自由を獲得する最も確実な方法だとも言える」

「いまの人々の目には、自制というものは、まったく受け入れがたい、抑圧的なもの、いや嫌悪を感じさせるものとさえ映るかもしれない。人類はもう何世紀も、自分たちの祖先が必要から自制を学んでいたことに気づかないで育ってきたからだ。我々の祖先は、いまよりはるかに束縛され、希望の少ない状況で生きていたのだ。何にも増して自己抑制が重要だと人類が本当に気づいたのは、ようやく今世紀に入ってからだった」

ノーベル文学賞受賞作家でもこのようなことを思っていたのかと、わが意を得た思いをしたが、今こそこの思想を高く掲げるべきではなかろうか。社会を真に動かす基底にあるのは人々のまっとうな欲望とともに、その破壊力を自覚し、コントロールする倫理観だ。人間活動が地球の環境容量を突き破っている今、持続可能な社会への扉を開くには、環境倫理、特に「抑制」が、ソルジェニーツィン氏も言うように「黄金のカギ」となるはずだ。これを我々の日常的な行動規範に埋め込むことができれば、環境の危機を軽減できるはずであり、危機脱出の希望がある、と考えるからだ。

(2) 危機感の薄さ、関心の低さ

NPO仲間と会うとよく話題になるのは、「環境がこれほど劣化し危険になっているのに日本の中での危機感はまるで薄く、したがってこの危機にどう対応するかの戦略的思考も対策も出ていない」というボヤキである。それならどうしたらよいかということに話が及ぶと、「結局、教育が間違っていた」とか、「マスコミがもっと報道しないのが悪い」といった話で終わってしまうことがしばしばある。

実際、日本人の危機感の薄さを示す興味深い資料が二つある。

一つは、公益財団法人旭硝子財団が1992年より毎年実施している「地球環境問題と人類の存続に関するアンケート」の最新（2019年9月の第28回分）の結果だ。このアンケートは、世界各国の政府、自治体、NGO／NPO、大学・研究機関、企業、マスメディア等で環境問題に携わる有識者を対象に毎年実施し、今回分は2072人から回答を得たもの。世界の有識者の環境危機の程度認識を「環境危機時刻」という指標で表示しているが、ご覧のように過去10年ほど、日本人有識者の危機認識は一貫して世界の平均よりも薄くなっている。

図E　環境危機時刻の推移

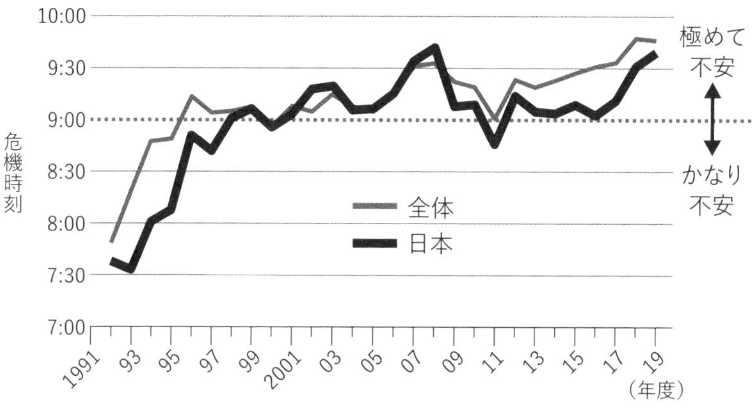

出典：（公財）旭硝子財団「第28回地球環境問題と人類の存続に関するアンケート調査報告書」

もう一つは、2020年1月のダボス会議を前にして、主催団体である「世界経済フォーラム（WEF）」が主要30カ国の18歳以上の一般市民を対象にして実施したインタビュー調査結果だ。この調査では、まず「環境について科学者の言うことをどの程度信頼するか」という問いを設定し、「非常に」「かなり」「中くらい」「少し」「全く信頼しない」の5択で聞いているが、何と日本では、「非常に」ないし「かなり」信頼を選択したのは25%に過ぎない。この25%という回答は、最下位のロシアの23%に次いで低い。ちなみに30カ国の中で目立つ国を拾ってみると、インドが86%で1位、中国が69%で4位、イタリアが61%で10位、イギリスが53%で20位、ドイツが51%で24位、フランスが47%で26位、アメリカですら45%で27位という結果である。この調査結果を見る限り、環境科学者への信頼度が日本では極めて低いことがわかる。

また、「危機感」以前に、そもそも気候問題に「関心」があるかどうかの問題がある。関心がなければ、危機感もなく、行動もないだろう。この問題に関し示唆に富む論文を最近見つけた。それは「気候変動問題への『関心と行動』を問いなおす」と題して、『環境情報科学』の49巻2号（2020年）に掲載された、国立環境研究所の江守正多氏の論文だ。氏は有名な気候変動科学の専門家であるとともに、テレビなどのメディア、市民や学生を対象としたワークショップなどを通して、過去15年ほど積極的に一般の人とのコミュニケーションに努めている。その経験に基づき書かれたものだけに興味深い。

それによると、日本人の多くにみられる気候問題への無関心の根底には、温暖化を止めるために個々人が、わがままや経済的負担、面倒な行為や生活レベルの引き下げなどを受け入れなければならないという「負担意識」があり、その負担を無意識に忌避する心情が働き、結果として無関心になるのではないだろうか、との仮説を述べている。その上で氏は、わずかな関心を持って環境配慮行動を取る人々を大勢増やすよりは、本質的な関心を持つ人々とその支持者を増やすこと、すなわち、エネルギー、交通、都市、食料などのシステムの脱炭素化の必要性を理解し、それを心から望み、惜しまずそれに協力することこそ、人々に本当に必要とされる「関心と行動」であると述べている。私も全く同感だ。

もちろん、危機だ、大変だと騒いでいるだけでいいとは思わない。しかしこれほどの危機を前にして、日本人の関心は高まるどころか、むしろ20年前と比べて下がっているようで、そのこと自体が真に危険なことだと私は思っている。その原因をいつも考えるのだが、現時点での私の結論は、まず国民も社会も、経済への関心が過大であり過ぎること。別の言い方をすれば、株価やGDPの成長率の上下あるいは景気動向といった経済マターに、エコノミストだけでなく政治家も国民もあまりにも振り回され過ぎて、いわば経済過敏症に取りつかれているのではないかというのがその一つ。

二つ目としては、今世紀に入って、グローバル経済の進展とともに、企業も役所も人件費の抑制に力を入れるあまり非正規社員・職員の数をどんどん増やし、雇用者の4割にまで達してきたが、その人たちの多くは正規との格差や低賃金に苦しめられるだけでなく、不安定な雇用に悩まされているケースが驚くほど増えている。その結果として、多くの人の心に余裕がなくなり、常に家計や雇用のことばかりが気になり、到底、環境の悪化にまで関心が及ばないのではないかとも考えられる。今回のコロナ禍では、その傾向が一層鮮明になっていると思われる。

三つ目は、今日の社会の風潮であるといわれる「今だけ、金だけ、自分だけ」現象が示すように、社会全体に対する関心や責任感のなさを示す生き方が力を増せば、当然ながら中長期的な観察と配慮を必要とする環境の悪化に対する関心は少なくなるであろうと思われる。

そしてもう一つ。より根本的だと私が最近思っているのは、日本は島国であり海によって守られているため、隣国からの軍事的脅威がこれまでは少なく、実際、日本の長い歴史を通じて外国人に直接支配された経験がない。これは大陸の陸続きの国々や民族の間では極めてまれなケースと思われる。その結果、日本人の世の中の動きに対する警戒感や危機感は、陸続きの国々の人々と比べれば薄くなる傾向が強い。別の言い方をすれば、おっとりしている、あるいは能天気なままでいられる、と言うことも可能であろうが、同時に、危機感を抱いて必要な対策を適時、適切に取るという機敏性や戦略性が薄くなっているのではなかろうか。

この危機感の薄さを最も端的に示したのが、80年前に米英仏などを敵とする大戦に確たる戦略もないままに突入していったことであろう。中国大陸ではそれ以前に苦しい戦いを続けていながら、工業力が格段に大きいアメリカをはじめとする先進大国に戦いを挑んだ。苦戦を強いられても、内地に留まっていた人たちの間では、「いつか神風が吹く。神国日本は絶対負けない」といった心境を、敗戦の年の春頃までの比較的長い間保っていられたのは、今から考えると不思議であり驚きである。

当時、戦争をリードした軍人や政治家はこの戦争をどう収束させるか、どのようにして戦後の日本を創っていくのかの確たる見通しもないまま、悲惨な敗け戦を長引かせ、国民やアジア諸国の人々におびただしい犠牲を強いてしまった。日本史上類例のない戦争を指導した人たちと、それを支持したメディア、民間企業そして国民が、本来持つべきバランスの取れた危機感とそれに対するまともな戦略もないまま、最後の段階では米軍が上陸してきたら竹やりで戦い一億総玉砕を叫ぶような戦争にしてしまった責任は、単に能天気だったからでは済まない汚点となってしまった。

今起こりつつある環境の大危機、それが世界中の社会にもたらす大混乱は、第二次世界大戦中に起こった悲劇に劣らないものになるのではと、私は大真面目に心配しているが、残念ながら、危機の実相を正面から見つめ、戦略的対応が必要だとする議論は、日本では驚くほど少ない。これでは危機に正面から立ち向かう動機もなくなってしまう。

(3) 技術力への過信

ホモサピエンスと呼ばれる今日の人類が、猿から分かれて進化して約20万年前に地球上に現れて以来、今日まで我々の歴史は技術の開発・利用と切っても切れない関係にある。

当時の地球には、おびただしい数の動植物がひしめき、苛烈な生存競争を繰り広げていたに違いない。その中にあって、ヒトという新参者の一生物種は、大型動物に比べれば体力は劣り、屈強でなかったにもかかわらず生き延びただけでなく、今では地球生物の頂点に立った。その理由は、他の動物にはない頭脳の大きさに恵まれ、それを活用した知恵と技術力により生存に必要な戦略と道具類を生み出して生産力を高め、すみかを造り、都市を形成してきた故だろう。

日本も例外ではない。縄文、弥生と呼ばれる古代から江戸時代に至るまで、時代に即した統治力と技術力、そして一般の人々の知恵、工夫、忍耐力などで、総じて平和で安定した国づくりに成功した。鎖国中でも江戸時代末期には総人口3300万人を超すという、当時としては大人口を抱えながら、文化の面でも経済・社会面でも成熟した社会を維持できたのには、様々な技術の開発と利用があったことは確かであろう。

19世紀の中葉になると、その日本に、欧米は圧倒的な科学技術力と軍事力をもって開国・通商を迫り、日本は約15年に及ぶ国内での内戦を伴う厳しい調整を経て、それまでの封建・鎖国の国是を大転換し、西洋流に文明化した社会への大転換を目指して明治維新を断行した。以来約150年、途中で他国との戦争による厳しい困難を経験したが、日本は科学も技術も、欧米からの輸入と国内での自立開発などでほぼ順調に発展させた。

1980年代の一時期には、欧米から学ぶものは何も無くなったと傲慢にも語る人も出てきて、それを是認する風潮さえ日本社会に芽生えた。その背景には、太平洋戦争によって破壊され尽くした都市や工場の中から人々は立ち上がり、欧米の進んだ技術を取り入れながら、便利で高品質の家電製品や燃費性能が良く故障しない自動車など優れた工業製品を造り出し、また夢のような高速新幹線を安定的に運行し、高度経済成長時代に日本列島を覆った激烈な産業公害を短期間で克服したことがある。その上に、1973年と79年に世界を襲った「石油危機」を、日本が省エネ技術や原子力の開発で乗り切った実績は、世界から見れば確かに賞賛に値しただろうし、日本人もそのことに深く自信を持ったとしてもさほど不思議ではなかろう。しかし、その成功体験とそれによって芽生えた傲慢なまでの自信過剰こそが、今日の日本の低迷の始まりであると思われる。

その兆候は、既に前世紀末には心ある識者の目にははっきり見えていた。ロンドンの大学で経済学を教えていた著名な森嶋通夫教授（1923～2004年）の場合は、日本から離れていた分、かえって日本の危うさがよく見えたのかもしれない。教授は『なぜ日本は没落するか』（岩波書店、1999年）という刺激的な題名の本を著し、その冒頭で「日本はいま危険な状態にある。次の世紀で日本はどうなるかと誰もがいぶかっているのではなかろうか。私も本書で、照準を次の世紀の中央時点—2050年—に合わせて、その時に没落しているかどうかを考えることにした。そのためには、まずなぜこんな国になったのかが明らかにされなければならない」と書いた。そして、没落の原因を分析し、救済策を論じ、結論として次のように書き残している。すなわち、21世紀の日本は、「幕末の時のように国際政治的には無視し得る端役になっているだろう。もちろん20世紀での活躍の記憶があるから、幕末の時のように全くの無名国ではない。しかし、残念ながら日本が発信源となってニューズが世界を走ることは殆どないだろう」と述べた上で、没落の原因として、人口の問題、精神の荒廃、金融の荒廃、産業の荒廃、教育の荒廃の五つを取り挙げ、おのおの詳しく論じている。中身については同書を見てもらうほかないが、この著作から20年経った今、教授の指摘の適切さを確認するとともに、この警告ときちんと向き合わなかった日本社会の弱さを残念に思う。

森嶋教授は日本社会全般についてコメントしておられるが、環境エネルギー政策について、私自身はNPO法人環境文明21の会報『環境と文明』の2011年1月号と2月号に、「日本は"衰退"するか?」と題して、環境分野での具体的な衰退事例を示した後に、次のように述べている。「これらの例が示すように、日本人の多くが、日本は環境大国であると思い込み、足踏みしている間に、世界は進んでおり、取り残されつつあることに気がつかない。まさに、ウサギとカメの物語のようだ」。

これが書かれてから9年が過ぎたが、この状況は少しも改善されていない。それどころか、安倍政権は気候危機への対策として、「革新的環境イノベーション」戦略として、エネルギー転換、運輸、産業など5分野に総計39の技術開発テーマのメニューを並べ立て、2050年までに(何と今から30年先!)CO_2等の温室効果ガスを80%削減する戦略(ヨーロッパの多くの国は実質ゼロを掲げている!)を掲げて、世界でリーダーシップを取るつもりでいた。しかし39のテーマの多くは実用に耐え得るかは検証されておらず、私にはこの戦略はまるで蜃気楼か、スウェーデンのグレタさんがよく言う「おとぎ話」のように思えた。技術革新は重要だし必要だが、それには目的達成を促す経済的誘導策のほか、規制や税制の整備、そして企業側における真剣な取り組みと覚悟が伴わなければ、いつでもどこでも成功しはしない。1960～70年代に日本企業が世界トップクラスの公害防止対策技術の開発・普及に成功したのは、このような施策と企業側の本気があったからである。

日本の技術の揺らぎないしは劣化を多くの人に印象づけたのは、2011年3月11日の東日本大震災を契機に引き起こされた、東京電力福島第一原発の未曾有の大事故とその後始末(放射性物質に汚染されたデブリや構内汚染水の処理など)のモタツキぶりであろう。

この事故発生の10年前から失敗学を提唱し、原発事故後には政府の事故調査委員会の委員長を務めた畑村洋太郎東大名誉教授は、2015年に『技術大国幻想の終わり』(講談社現代新書)を著している。その中で、原発事故で炉心溶融の原因の一つとなった全電源喪失に関し、震災以前から外部の専門家は危険性を指摘する声を上げていたが、原子力業界では「あり得ないこと」として無視していた傲慢な姿勢に触れた後で、次のように述べている。
「こうした傲慢さは、原子力分野に限ったものではなく、いまや日本の産業界全般に蔓延しているもののように思われます。それはすでに、日本の技術力や製品の品質が外国に広く認められるようになった1980年代から始まっています。産業界ではこの頃から次第に、他国の事例に学んだり、提言や忠告に耳を傾けたりする姿勢が失われていったのではないでしょうか」。そしてまた、「世界を見て回ってわかったのは、経済成長著しい新興国は、日本以上に自分の頭で考えて努力してきたということです。一方その間、我々日本人は、『技術大国』と位置づけて、その上にずっとあぐらをかき続けてきたのではないか、そして、自分の頭で考えて努力するということを忘れていたのではないか。そうした傲慢さを真摯に反省しなければならない時期に来ているように思います」と述べている。

全く同感だが、私の見るところ、この忠告はまだ経済界の首脳クラスや多くの経済官僚、政治家には届いていないようだ。というのも、畑村教授が上記のような警告を発していたほぼ同じ頃に、某経団連首脳が次のように発言しているインタビュー記事を私は見ているからだ。
「世界に発信すべき日本の強みとはなにか。まずは圧倒的な技術力。高度な技術を世界に発信することで、世界経済の発展に大いに貢献できるはずだ」と。これでは裸の王様とあまり違わない。
しかし、今からでも遅くはない。なぜなら、政府や産業界のトップの判断や責任感は全く頼りにならないが、日本の現場の潜在力はまだまだ失われておらず、広範に存在する日本の高度の現場力に誰かが“火”をつけることができたなら、日本は再び甦り輝きを取り戻せると、中小企業の優れた経営者や現場で働く人々を訪れるたびにそう確信しているからだ。そのためにも、傲慢な心を捨て、過信を戒め、現実に正対し、知恵を絞ることが必要だ。

(4) 未だ貧弱な市民力

日本は長いこと、市民の力は他の国に比較してまるで小さいと思われていた。最近の例でいえば、中国・習近平政権の理不尽な圧力にもかかわらず、香港市民の自治や民主政治を守ろうとして街頭に繰り出したおびただしい数の人々の抗議行動。あるいは、アメリカの黒人差別に抗議して人種を超えて立ち上がった市民や若者たち、また米大統領選挙の運動員としてボランティアで戸別訪問をしている多数の老若男女。気候の危機に対して一人で立ち上がったスウェーデンの少女グレタ・トゥンベリさんに呼応して次々に抗議活動に参加している欧米の若者たち。市民が躍動しているこうした光景を目にすると、日本の市民の消極性が思い起こされる。2020年の直近では、グレタさんに刺激された若者らの動きが日本でも見られ始めたようにも感じられるが、残念ながら人数の点でも、また実質的な影響力の点でも、まだ力強さには欠けている。

1995年1月に阪神淡路大震災が起こった時に、多数のボランティアが全国各地から被災現場に駆け付け、人命を救助し、復旧をはかどらせた。これは当時としては想定外で、行政頼みが長いこと続いていた日本に、やっとボランティアという名の市民が、災害によって突然困難に陥った人たちにとって大きな力となることを実証し、日本社会の変化を気づかせてくれた。このことが大きな契機となり、国会で党派を超えて市民の力を制度化する方策が議論された結果、いくつもの紆余曲折を経ながらも、1998年3月に特定非営利活動促進法、いわゆる「NPO法」が成立した。このNPO法では、災害ボランティアだけでなく、まちづくり、スポーツ、福祉、社会教育、国際協力など幅広い分野の非営利活動を公的に認めており、それを支援する法がやっと日本に誕生した。

環境保全も、このNPO法が対象とする分野として認定されたので、1993年に立ち上げていたNGO「21世紀の環境と文明を考える会」も早速NPOの認定を得るべく、当時は川崎市内に事務所があったので神奈川県に申請した。その申請が99年10月に認められ、会の名称も、「NPO法人環境文明21」と改め、NPOとしての活動を開始した（その後、事務所を東京都大田区に移したので、現在は東京都が認証)。環境保全といってもその分野は幅広いが、当時から、私たちは市民と共に持続可能な循環型社会を創るための政策を調査・研究し、その検討結果を市民と共有するとともに、政策を当局を含む市民社会に提言することを主たる使命としていた。しかしその性格上、しばしば時の政権が掲げる、あるいは実施する政策を批判することが多いこともあって、政府などからの支援の少ない「冬の時代」は今も続いている。

ところで、なぜ日本ではNPOなどの市民組織が、欧米に比べて未だ貧弱のままなのだろうか。私はこの分野の専門家ではないが、自分なりに長いことその理由を探してきた。そして現時点で辿り着いている結論、というより仮説は、次の三つだ。

①国民の社会づくりへの参加意欲は、年々厳しくなる生活(特に家計)を反映して余裕がなくなり、低下していること。

②国民の参加を促すための制度づくり(憲法改正を含む)がほとんど進んでいないこと。

③日本の歴史的な環境の中で培われてきた独特な官民関係の清算がされないまま、いわゆる「お上頼み」、「お上任せ」の心理から未だ脱却し得ないでいること。

まず①「参加意欲の低下」仮説は、主として国政選挙における「投票率の低下」、個人としての家庭生活を確立する上で従来はごく当たり前と考えられていた結婚生活に自ら不参加を決める「生涯未婚率」の急上昇、そして働く人の生計を維持する上で不可欠な雇用そのものの不安定化を示す「非正規雇用割合の上昇」の3つの客観的資料より得た心証である。

投票率の低下にしろ、生涯未婚率の上昇にしろ、非正規雇用の問題にしろ、背景などを論じればおのおのについて綿密な考証が専門家によって既になされていると思うが、ここでは統計数値のみを示すにとどめ、その解釈については、本書の読者にお任せする。ただ私としては、この3種の統計を見た時に強い衝撃を受け、「これでは日本の市民力を伸ばすのは大事業だな」との思いを深めたことは書き添えておきたい。

表2-2-3　1960年代以降の国政選挙の投票率

年代	衆議院総選挙 (各年代の平均)	参議院通常選挙 (各年代の平均)
1960年代	71.79% (4回)	68.06% (3回)
70年代	71.07% (3回)	66.98% (3回)
80年代	71.30% (3回)	66.98% (4回)
90年代	66.74% (3回)	51.36% (3回)
2000年代	64.79% (4回)	57.22% (3回)
10年代	55.22% (3回)	53.51% (4回)
各回選挙ごとの最高、最低	最高　1980年の74.57% 最低　2014年の52.66%	最高　1980年の74.54% 最低　1995年の44.52%

出典：総務省「国政選挙における投票率の推移」を基に著者作成

図F　生涯未婚率の推移

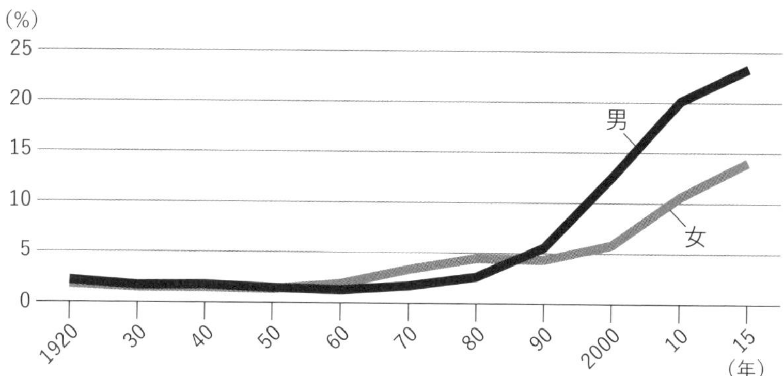

出典：国立社会保障・人口問題研究所「人口統計資料集（2019）」を基に著者作成

注）表2-2-3

- 国民の投票行動は、各回の「争点」の大きさや天候などに左右されるといわれるが、政権の選択選挙の様相の強い衆議院総選挙の投票率は年代を追うごとにほぼ一貫して低下しており、直近2回の総選挙（2014年と2017年）の平均は、かろうじて50%ライン超の53.17%であった。理由は何であれ、国民の約半分が最も重要な国政選挙に不参加を決めたことの意味は重視すべきだ。

図G　非正規雇用割合

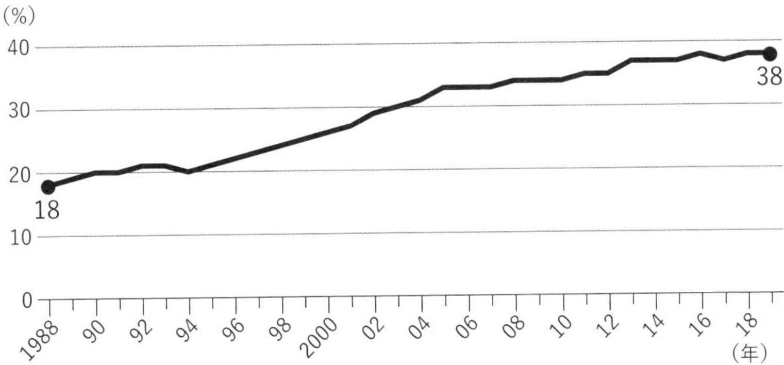

出典：独立行政法人労働政策研究・研修機構「各年齢階級の正規、非正規別雇用者数」を基に著者作成

- 衆参ともに最高投票率を記録したのは1980年であったが、この頃、日本は特に経済力は上昇期にあり、国民にもまだ「若さ」が残っていた元気な時代だったので、国政への参加意欲も高まっていたのではと見ている。ちなみに、この頃の「生涯未婚率」もまた「非正規雇用」の割合も、今日から見ると格段に低い。
- 参院の最低投票率の44.52%は、1995年の阪神淡路大震災から約半年後であり、オウム真理教の騒ぎの最中に実施されたためかと思われる。

注）図F

- 生涯未婚率とは、「50歳までに一度も結婚したことのない人」の割合を示しているが、4、5年前にこの数字だけ見たので、それをグラフ化することを秘書に頼んだところ、作図しながら彼女は「アッ」と小さな声を発し、私にそのグラフを示した。それを見て私も声が出ないほど驚いた。私の年代（1939年生まれ）の人は、男も女もほとんど皆30歳になる以前には家庭に収まっていたので、未婚が男性23.37%、女性14.06%の数字は全く想定外というより、理解不能。日本社会の病根の深さと少子化・高齢化脱出の困難さを感じた。

注）図G

- 「非正規」の社員や職員になることは、雇用に安定を得られず、多くの場合、低賃金に苦しむことになるだろう。これだと、国政やNPO活動に参加する意欲を失う人も少なくないかもしれない。

なお本書では、第4部「急ぎ、何をすべきか」と第5部「知恵と戦略」でも市民力について議論するが、そこではほぼ73頁の③の官民関係の脱却に焦点を当てている。それは、27年の官僚生活でも、27年を経過するNGO／NPO生活でも、③の視点はあまり見かけなかったことから、敢えてそこに力点を置いた。ここでも③についてはかなり詳細に述べるが、①と②の視点も極めて重要であると考えており、そのことについても簡単に述べる。

二つ目の②の「国民の参加を促すための制度づくり」がほとんど進んでいないのは、今述べた国民の社会活動への参加意欲そのものの低下と、この後に詳しく説明する日本独特の歴史的官民関係も関係していると思われる。本来ならば、憲法を改正しても国民の参加を促す制度論議が出てしかるべきと思うが、それがない。むしろ憲法の前文は「日本国民は、正当に選挙された国会における代表者を通じて行動し、……」との文章で始まり、第2文は、「そもそも国政は、国民の厳粛な信託によるものであって、その権威は国民に由来し、その権力は国民の代表者がこれを行使し、その福利は国民がこれを享受する」とあるように、私がこの文章を素直に読むと、政策の決定や実施の過程に国民の積極的な参加を前提にしていないように受け取れる。このことも74年前に起草された時の政治観を反映しているのかもしれない。

環境分野では、1992年の「地球サミット」で採択されたリオ宣言に書き込まれた、市民等非政府組織も含めた参加原則や、それを受けた「オーフス条約」[1]がEU諸国の主導で成立しているにもかかわらず、日本では政権与党からはもとより、野党やメディアからの問題提起は、私の知る限りほとんどない。ただ少数の学者や「オーフス条約を日本で実現するNGOネットワーク」とNPO法人「環境文明21」が、空しく天に向かって主張しているのみだ。これでは多くの国民にとっては、何

1　正式名称は「環境に関する、情報へのアクセス、意思決定における市民参加、司法へのアクセスに関する条約」。リオ宣言第10原則（市民参加条項）を受け、国連欧州経済委員会（UNECE）で作成された環境条約。1998年6月に開催されたUNECE第4回環境閣僚会議（デンマークのオーフス市）で採択されたことにちなんで、オーフス条約と呼ばれている。（EICネット環境用語集より）

のための、誰のための国政参加なのかを納得できない状況に置かれたままなのかもしれない。

三つ目は、日本独特の官僚制度がその背景にあり、そのため今日でも「お上意識」から抜け切れていないのではとの思いだ。どういうことかというと、明治政府を支えた官僚の多くは、江戸時代の武士階級の出身者が占めていた。言うまでもなく、江戸時代は士農工商という四つの身分制度があり、士は農工商の人々を統治・指導する権力エリートの立場にあった。そのエリートは、権力をかさに着て悪政を欲しいままにするなどはむしろ例外的で、武士としての教養と修練を積み、何よりも農工商の人々のある意味手本となるような厳しい訓練を受けていたに違いない。武士の学校である藩校においては儒教を中心に文武両道にわたる様々な修練を行っていたが、その基本となる心得は、「君に忠、親に孝」とともに、社会のリーダーとして公平、公正、中立といった正義の感覚を養い、身に付けることであった。その伝統を明治以来の官僚も身に付け、概して公平な統治をしていたため、明治以降になっても「官」に対する一般人の信頼は厚く、その結果として「お上依存」がかなり厚く残ってしまったのではなかろうか、というのが私の推測だ。

ちなみに米国は、ヨーロッパ本国の悪政から逃れてきた人々が中心になって建国した歴史があるので、政府やそれに仕える官僚に対する米国民の信頼は一般的に高くない。それで、政府の機能の一部を代替し得るようNGOを育て、会員になったり寄付したりと支援する伝統が今なお強いと米国の友人から説明を受け、納得したことがある。ヨーロッパの場合には、キリスト教のCharity（慈善精神）の伝統の上に、民主政治における市民の位置づけと役割が確立しているように思われる。

そういう背景があったことで、日本では戦後も、多くの官吏は公平、公正、中立という原則を長いこと保持し続けてきたと思われる。私自身は昭和41年（1966年）に国家公務員となったが、周辺の公務員の先輩たちからは、常に「公平、公正、中立」を言われてきたし、私が役所に入った頃の課長からは、「吏道」という言葉を何回か聞いたことがある。それは官吏としてあるべき姿を示したものであった。官僚生活を27年余り続け、平成5年（1993年）に53歳でNGO／NPO生活に転身したが、その時に至るまでの27年間を振り返ってみて、公正、公平、中立という公務員として最も重要な原則を裏切った記憶はない。それから約30年経った今日、官僚の世界に「権力者への忖度、データ改ざん、虚偽報告、不都合な文書の破棄」等が、第二次安倍内閣以降、特に目立って問題になっているのを見ると、日本の官僚制度が大きく歪み変質してしまったことが残念でならない。

しかし日本の市民力が他国のような力をこれまで得なかった重要な背景は、日本の公的機関の統治能力に対する一般の人々からの信頼がまだわずかばかりでも残っている（地方などでは相当強く）ために、政策の形成、実施過程で人々が官僚とその仲間の「有識者」以外の「市民」をあまり信頼せず、ほとんど必要としていなかったように私には思われる。

戦後のある時期から、日本の中央における重要な政策事項は、いわゆる「産官学」という、学校エリートを核とする政策マシーンが政治の方向付けを決定することが続いた。「産官学」を構成する人たちを見ると、その多くは東京大学などいわゆる有名大学出身者で、海外留学を経験し海外の事情に通じている人が、一部の国会議員と連携して、政策マシーンとして政策の原案作りを進めている姿を、中央官庁などではごく当たり前の風景として今も見かける。

確かにこのやり方は、戦後の一時期のように海外に追いつき、追い越すという目標が明確な場合には効率的な政策形成プロセスだったかもしれない。しかしながら今日のように、目指すべきモデルが手近になく、視界不良の中で自らが考え抜き、リスクを取って独自に決断せざるを得ない政策事項が増加している状況下で、より広い視野と中長期的な見方が不可欠になった時代においては、この「産官学」方式はもはや錆付き、通用しなくなっている。

実際、日本の様々な政策、特に私の関心のある環境・エネルギー政策を見ると、このやり方からはまるで時代遅れ、あるいは極めて視野の狭い政策しか出てきていない。原子力・エネルギー政策も気候変動対策も、また企業への働きかけを見ても、もはや二流、三流の政策しか出ていない。SDGsもパリ協定も国際社会で承認され、多くの国がその実現のために企業やNGOを巻き込んで本気で動き出しているのに、今もって石炭火力発電を推進しようとし、あるいは核ごみの処分場所も全く目途も立たないのに、無責任にも原子力にしがみつこうとしていた安倍政権の姿勢は、この典型例だろう（注：20年7月頃から、小泉進次郎環境大臣が積極的に動き、この政策を修正しようとする兆しはあるが、どのような結果になるかは8月末時点では不明）。

よく霞が関のエリート官僚は「プロ中のプロ」などと言われることがあるが、私はそうは思わない。彼らがいくら学校秀才だったとしても、一つのポストに2年前後しか留まらず、次から次へとポストを替えて「出世」してゆく今のシステムでは、本物のプロになれるわけはない。上等なインスタント食品並みの味付けはできるかもしれないが、年季の入った本物のシェフの味は出てこないのだ。しかし日本の多くの人がまだその落とし穴に気がつかず、あるいは見て見ぬふりをしている状況では、中長期に耐え世界をリードする健全な政策形成はできない。

業界の集まりに出てみると、今もって官僚の解説などを、あたかも神のご託宣のようにありがたがって聴いている企業幹部を見かけることがあるが、これでは新機軸は望み得ないのではなかろうか。米国のビル・ゲイツやイーロン・マスクなど、時代を切り拓いてきた経営者たちが、米国の商務省の高官たちの「ご指導」を仰いだなど、あり得ないことだろう。

このような事態を改善し、日本の体制を再び立て直すには、政策の形成過程や実施の段階でも、専門的知識とともに市民感覚、中長期的視野、さらに既存の特定の利害にとらわれない自由な見方のできるNPO／NGOが参加することが必須と思うが、それをなし得る市民力を有する人材の層は厚くないのがまだ現実だ。日本の既存のエリート層に属する人の口からは、「日本のNPOにはオタクっぽい人が多く、頼りになる人材はいない」と否定的な意見がよく聞かれるが、私にはこの観察は、実態をよく知らない人の表面的な見方だとしか思えない。その理由は、次の二点である。

①大学や官僚機構と比べれば確かに数は少ないが、個人の能力の点では全く引けを取らない人はかなりいる。

②数が少ないのは、日本の社会が資金と機会を与えて、これまで育てようとしなかったことによる。例えば、日本の国家公務員の場合は、税金と時間を使って若手官僚を国内外の有名大学などに留学させたり研修させるシステムをしっかり持っているが、NPOにはこれに類似の研修制度は全くない。

いずれにしても、現状ではほかの先進国に比べ、市民力を強く育てることの必要性の認識やそのための体制を全く欠いており、この克服は極めて重要である。幕藩体制下の幕末に外国からの強力な圧力を受けた時、それを跳ね返して新時代を切り拓いたエネルギーは、勝海舟、大久保利通、西郷隆盛、福沢諭吉、渋沢栄一、田中正造ら、多数の下級武士ないしは武士身分でさえない草莽の民から出た者が多かったことを忘れてはならない。私は、吉田松陰や坂本龍馬らは、今風に言えば“脱藩NGO”だったと考えている。

もし、このような力のある市民（NPO）が政策の決定過程や実施の現場に正当なメンバーとして（オブザーバーでなく）参加していれば、政策の切れ味は今とはまるで違ったものだったろうと私は確信を持っている。

2-3 日本の電源構成の問題点

日本の地球環境対応の不十分さを雄弁に語る一つの事例として、電源構成問題とパリ協定に基づくCO_2等の削減目標の不十分さにスポットを当てて、簡単に説明しておきたい。この日本の対応は今、国際的にも問題視されているからである。

2015年末に採択され、翌年11月に発効した「パリ協定」は、前にも説明したように、①地球の平均気温上昇を産業革命前から2℃より十分低く保ち、1.5℃以下に抑える努力をすること、②そのためには、世界のCO_2等の排出量のピークアウトを早期に実現し、今世紀後半には排出量と吸収量の均衡を達成し、実質ゼロにすることを求めている。

この厳しい要求は、産業革命期から1℃強昇温している今日でも、気候「変動」というよりは気候「危機」と呼ぶ方がふさわしいほどの異常気象が世界各地で頻発している現実を踏まえ、190カ国余の加盟国が全会一致で採択したものである。この協定の発効を受けて、先進各国は「低炭素」というより「脱炭素」を目指して、従前以上に排出削減量の引き上げに踏み出し始めている。

しかし安倍政権は、パリ協定採択前の15年7月に設定した日本の電源構成（エネルギーミックス）と削減目標を文言表現以外は実質的には何も変えず、5年以上も維持したままで、国内外の多くの環境関係者の批判の的となっている。その削減目標は、2013年比で2030年には26%（90年比で18%）削減、2050年には80%削減であり、電源構成については、2030年で化石燃料56%（内訳としては、LNG27%、石炭26%、石油3%）、原子力20～22%、再生可能エネルギー22～24%（内訳は、水力8.8～9.2%、太陽光7%、風力1.7%、地熱4.7～5.7%）となっている。このように、原子力と石炭にかなりのウエートをかけていたことが、設定当時から今に至るまで、国内外で問題視されてきた。

直近（2018年度）の電源構成の実績は化石燃料77%（内訳はLNG37%、

図H　欧州各国と日本の年間発電量に占める
再生可能エネルギー比率の推移

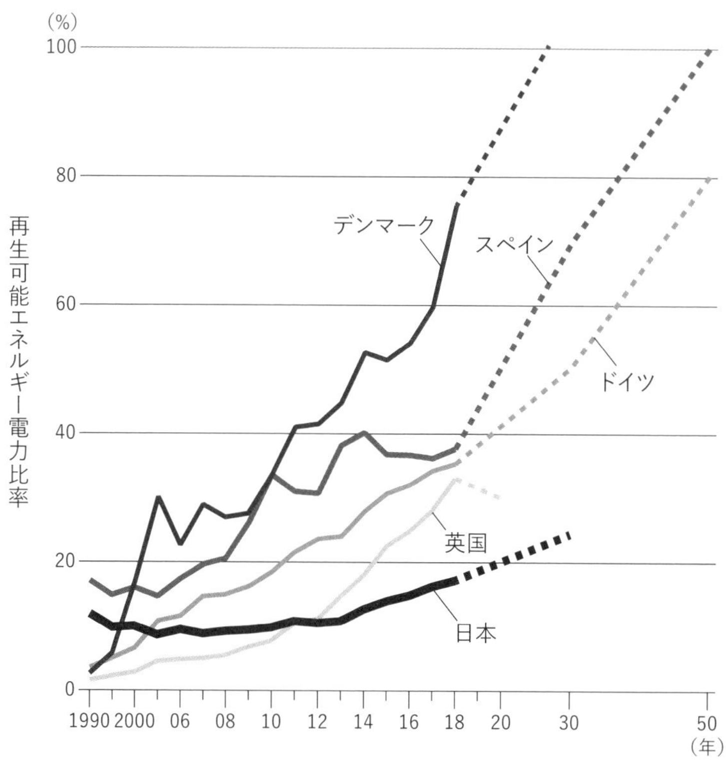

出典：市民版環境白書『グリーン・ウォッチ』2020年版

石炭32%、石油8%)、原子力6%、そして再生可能エネルギーは17%となっていて、30年目標値と比べると、化石で21%オーバー、原子力は大幅減少、そして再エネはほぼ達成の見込みとなっているが、原子力と化石の二つで30年目標との大きな乖離が目立つ。簡単に言えば、安倍政権は、古い原子力と石炭火力を維持するため、敢えてパリ協定の精神と先進国としての責任を無視した後ろ向きの姿勢を続けていたといっても過言ではない。

この数字を他の主な先進国の数字と比べてみると（図H)、日本の遅れが際立つ。まずEU全体として、2030年までにGHG（温室効果ガス）排出の90年比40％削減を早くも2014年の段階で決めている。再生可能エネルギーの導入割合もヨーロッパの先進国はいずれも高いが、国内に石炭産業や原子力発電所を抱えていてもドイツでは発電に占める再エネ割合は、2000年度時点では日本同様の7％程度だったのが、2010年には19％、19年には40％になり、30年には50％以上、50年には80％以上を目指している。今、特に問題となっているのは石炭火力で、フランスは22年までに全廃、英国は25年までに全廃、ドイツでも38年全廃するが、日本は30年以降も続ける方針のようだ。

2020年7月に入って、効率の悪い石炭火力発電は休廃止し、効率のよいものに替える動きが小泉進次郎環境大臣と梶山弘志経済産業大臣の主導で出ている。しかし、どのような効果を生むかは2020年8月末時点は不明である。

このような数字を並べ比べるのは私の本意ではない。それは、パリ協定が全会一致で採択され、発効して既に4年近くの年月が経つのに、日本の政府はあたかもパリ協定は存在しないがごとくに、政権と一部業界の都合だけでエネルギー環境政策を決定しているかに思えるからだ。その政治姿勢は、先進国の誇りや責任を投げ捨てているだけでなく、国民の気候変動に対する適切な危機意識の醸成や、本来育つべき気候関連産業と技術の芽を摘んでいる。そのことに対して深刻な危惧を抱くからである。

この危惧は、もちろん私だけのものではない。日本の中でも、気候危機時代にリーダーシップを取ることを目指す企業グループや自治体の動きはようやく活発になりつつある。主立ったものだけでも、経団連の「チャレンジ・ゼロ」に賛同する企業130社以上が「チャレンジ・ゼロ宣言」をして、おのおの具体的なアクションを取り始めているし、経済同友会は20年7月末に、全電源に占める再エネ割合を2030年までに40％（政府の目標は22～24％）に引き上げるべきと提言している。また、19年9月に長崎県隠岐市議会が日本で最初に「気候非常事態宣言」を発したのに続き、鎌倉市、長野県白馬村、同千曲市、神奈川県なども追随している。また自治体の首長による「2050年までにCO_2排出実質ゼロ（ゼロカーボンシティ）表明」も、東京都、大阪府、神奈川県を含む148の自治体（2020年7月末現在。カバーする人口は約7000万人でカバー率では総人口の半数を上回った）でなされている。

一方世界の大企業はパリ協定採択後、企業自身が使用する電力を再生可能エネルギー100%にすることを宣言する「RE100」を組織しており、20年1月現在では200社以上のグローバル企業（日本企業も約30社）が宣言している。さらに驚いたことには、20年1月、米マイクロソフト社のCEOが行った次のような発表である。それは、

① 2025年までに同社のデータセンターなどの施設で使用する電力は再エネのみとする。
② 2030年までに、同社の自動車はすべて電気自動車（EV）化し、「カーボンネガティブ（排出するよりも多くのCO_2を除去）」を実施する。その方法は、新たな植樹、既存の森林の拡大、土壌炭素隔離など。
③ 2050年までに、同社の創業（1975年）以来の総排出量を回収。
④そのため、今後4年間で10億ドル（約1100億円）を投じて技術開発を行う。

というもので、日本の役所や一部の大企業が、削減できない理由を一生懸命探しているのとは大違いだ。

また金融機関では、ESG投資とかサステナブルファイナンスと呼ばれるような環境に強く配慮した投融資行動が日本でも、欧米と比べれば周回遅れだが、やっと主流化しつつある。

このように、電源構成の割合を決めることだけでも、日本の政策決定プロセスの歪みが見て取れ、それが日本の企業の浮沈に繋がっている。ただし、最近の小泉環境大臣の積極的な言動は注目に値する。石炭火力発電問題や2030年26%削減目標などを改善すべく奮闘しているようだが、この原稿執筆中には結果は出ていない。期待しながら注視している。

2-4 経済拡大の流れと環境対応の60年

1970年代に登場してきた地球環境問題への国際的及び国内の対応と、それが不十分であったがために深刻の度を深めていることの原因・要因について説明してきた。ここでは視点を少し変え、1960年代から今日に至る時代の流れを、経済拡大と環境問題との絡みに絞って整理しておきたい。それは1966年の春に大学院修士課程を終え、その年から厚生省環境衛生局公害課という新設されて間もない職場で公務員生活をスタートした私のささやかな公害・環境対策人生とも重なるので、自分が見聞きした体験からも語れるからである。

ここでの主題は、なぜ人は、環境の破壊に気づきながらも、経済の拡大にこれほど邁進したのかを、時代の流れに従って日本と世界（といっても欧米の動きがほとんどだが）での約60年間の流れを対比しながら、ポイントだけを整理してみたい（表2-4-1）。

それは過去の出来事にあまり詳しくない若手の読者たちが、今日の地球環境問題に繋がる過去の出来事を踏まえた上で、これから先の展望を切り拓くのにも役立ててほしいと願うからだ。

1945年夏に第二次世界大戦が終了すると間もなく、世界は自由主義経済圏と共産主義経済圏の二つに分裂するとともに、近代化に遅れ経済発展から取り残された開発途上国という三つ目の大きな塊が世界に生まれ、おのおのが競うように経済開発に注力した。その際の大きな手段は科学技術の革新であったが、それが人口の増加圧力とともに経済の拡大を促し、結果的に地球環境を壊した。なぜそうなったのか。さしあたって私は、次の4点を指摘したい。それは、①日本、ドイツ、ソ連邦などの第二次世界大戦後の戦後復興の必要性、②東西冷戦時代の経済力競争、③先進国との格差に焦る途上国の経済開発志向、④航空網の拡充と

表2-4-1　経済の拡大基調に対する環境からの対応

年代	日本の環境対応	世界（特に欧米）の環境対応
1960年代 （高度経済成長時代の開始→産業公害の問題化）	1960年の世界総人口：30億3500万人 1960年のGHG世界総排出量：— 1960年の世界の実質GDP：11.36兆ドル（2010年USドル換算）	
	60年　政府は「所得倍増計画」策定 産業公害対策の開始 （67年　公害対策基本法制定） 69年　石牟礼道子『苦海浄土』出版	欧米社会も公害悪化 62年　レイチェル・カーソン『沈黙の春』出版 69年　国連事務総長名で「人間環境に関する諸問題」公表
1970年代 （経済成長の陰で、公害・環境問題の激化と本格的な対策の開始）	1970年の世界総人口：37億人 1970年のGHG世界総排出量：277億トン 1970年の世界の実質GDP：19.17兆ドル（2010年US$換算）	
	70年　公害国会で14本の対策法制定 環境庁の設立決断 71年　環境庁設立 自動車公害規制等の強化 73年　第一次石油危機→省エネ、原子力推進 79年　第二次石油危機	72年　国連人間環境会議開催。UNEP設置 72年　ローマ・クラブ『成長の限界』 73年　第一次石油危機 73年　シューマッハー『スモール・イズ・ビューティフル』出版 79年　第二次石油危機
1980年代 （東西の冷戦終結、地球環境問題の出現と対応開始）	1980年の世界総人口：44億5800万人 1980年のGHG世界総排出量：335億トン 1980年の世界の実質GDP：27.87兆ドル（2010年USドル換算）	
	都市ごみ問題深刻化 （水銀、ダイオキシン） 酸性雨対策、オゾン層の保護開始 （86-90年 異常なバブル経済）	オゾン層の保護開始 （85年　ウィーン条約） （87年　モントリオール議定書） 87年　国連ブルントラント委員会「持続可能な発展」の概念提示 88年　IPCC発足 89年　ベルリンの壁崩壊（冷戦終結への動き）

出典：
- 世界総人口——国連経済社会理事会人口部「World Population Prospects 2019」より
- GHG世界総排量——Total greenhouse gas emissions (kt of CO_2 equivalent, World Bank) https://data.worldbank.org/indicator/EN.ATM.GHGT.KT.CE
- 世界の実質GDP——GDP (constant 2010 US$) https://data.worldbank.org/indicator/NY.GDP.MKTP.KD

年代	日本の環境対応	世界（特に欧米）の環境対応
1990年代 （経済のグローバル化の進展の中で「持続可能な発展」政策の模索。政府だけでなく企業・団体・NGO等の参加拡大）	1990年の世界総人口：53億2700万人 1990年の世界GHG排出量：382億トン 1990年の世界の実質GDP:27.91兆ドル（2010年USドル換算）	
	90年　環境庁に地球環境部設立 91-92年　気候変動条約交渉開始 92年　中野孝次『清貧の思想』出版 93年　公害対策基本法が廃止され、環境基本法制定 97年　国連の気候変動対策会議（COP3）京都で開催 98年　NPO法制定	90年　東西ドイツ統一 91年　ソ連邦消滅 92年　地球サミット→リオ宣言 気候変動枠組条約・生物多様性条約採択 ISO14001・環境レポートなど企業の「環境経営」開始 94年　気候変動枠組条約発効 97年　京都議定書採択
2000年代 （混迷の時代。ブッシュ政権の京都議定書拒否。オバマ政権の登場）	2000年の世界総人口：61億4300万人 2000年のGHG世界総排出量：406億トン 2000年の世界の実質GDP：49.94兆ドル(2010年USドル換算)	
	00年　循環基本法制定→ごみのリサイクル本格開始 07年　安倍第一次内閣「21世紀環境立国戦略」 09年　民主党政権発足	00年　ブッシュ政権発足→京都議定書拒否 03年　ヨーロッパ諸国中心にオーフス条約発効 08年　リーマン・ショック 09年　オバマ政権発足（グリーン・ニューディール等環境政策強化）
2010年代 （オバマ政権による対策前進とトランプ政権の登場など統治劣化と希望の交錯）	2010年の世界総人口：69億5700万人 2010年のGHG世界総排出量：509億トン 2010年の世界の実質GDP：66.11兆ドル（2010年USドル換算）	
	11年　東日本大震災と原子力発電所大事故 12年　第二次安倍政権発足と経済成長政策（アベノミクス）偏重 15年　政府は「エネルギーベスト・ミックス」決定（パリ協定発効にもかかわらず、それを実質的に無視） 15年　この頃より異常気象頻発	12年　IPBES設立 13年　IPCC第5次レポート公表 15年　SDGsとパリ協定の採択→希望の芽 17年　トランプ政権発足→国際協調の崩壊 19年　IPBES衝撃的レポート発表
2020年代 （破局か、それとも希望の再生か）	2020年の世界総人口：77億9500万人 2020年のGHG世界総排出量：600億トン（推測） 2020年の世界の実質GDP：ー	
	コロナ危機と経済運営の困難さ	新型コロナウイルス世界的パンデミック

IT 技術に依存する経済のグローバル化、である。

まず①の戦後復興は、第二次世界大戦で敗戦国となった日本やドイツはもとより、戦勝国であった英、仏、ソ連邦（1922～1991年）も、戦時における激しい破壊によっておびただしい数の人命と住宅、道路、工場、鉄道などの私的、公的インフラの多くを失い、また食料供給や衛生環境も著しく悪化した。このため、文字通り生き延びるためには、経済活動の再建に優先的に取り組まなければならなかった。この期間がどのくらい必要であったかは国によって異なるが、日本については約10年、つまり1955年頃までは国民は必死で食料の確保や経済再建に努める以外に選択肢はなかった。この時期は政治的にも不安定であったが、60年に入ると、経済がフル回転し始めた。

この時期にも、ローカルで小規模な公害問題（例えばセメント工場の大気汚染、メッキ工場の廃水、製紙工場の廃水・悪臭など）はあったが、全国的に問題視されるには至っていなかった。つまり、何事にも先んじて経済復興に努め、高度経済成長へ踏み出した。

②の東西両陣営の対立（西側はアメリカをリーダーとする英、仏、西独などの西ヨーロッパ諸国に日本、韓国など。東側はソ連邦をリーダーとする東欧諸国、中国、北朝鮮、ベトナムなど）は、第二次世界大戦後すぐに始まり、1991年12月のソ連邦の解体までの長い期間継続した。対立の要因は、自由・民主主義そして市場経済を是とするか、あるいは共産党独裁による計画経済を是とするかのイデオロギーのぶつかり合いであった。核を含む軍事力、宇宙開発力、そして何よりも経済の豊かさや効率の高さなどを競い合った。この過程では、各種の深刻な公害、環境事案は次々と表面化したが、生死を賭けた両体制間の激突にあっては、環境問題のプライオリティは一般的には高くなかった（注：私の学生時代には、日本の知識人の中には、「資本主義国では何よりも利潤を追求するので公害が発生するが、共産主義・社会主義国では利益を追求する必要はないから、公害は発生しない」と主張する人がかなりいた。私はそうは思わなかったので、文藝春秋社の雑誌『諸君！』

の1970年8月号に「やぶにらみ公害論」を書き、このようなイデオロギー的見解に対し反論したこともある)。

③の先進国と途上国間の、いわゆる「南北格差問題」は、早い時期から今日に至るまで続いている深刻な国際問題だ。私が初めて環境を巡る本格的な国際会議に参加したのは1972年6月の「国連人間環境会議」であったが、既にこのときから南北対立は激しい火花を散らしているのに驚いた。ここでの代表演説の中で特に印象深かったのは、ブラジル代表のカバルカンティ内務大臣の極めて率直な、次のような発言だ。

「高度先進諸国における著しい経済成長は、ミクロな経済問題の解決に科学を応用し、生産性を高めたことによるものであります。このような科学技術一辺倒のやり方が、海洋汚染や大気汚染など、地球上の全人類が大きな影響を受ける深刻な環境破壊を招く反作用をつくり出したのです。他国における多くの不経済という犠牲の上に、富と資産を蓄えた国々は、被害防止のための手段を講じ、被害を受けたものを回復する主要な責任を取るべきであります」と述べ、さらに、次のように述べている。

「世界の大多数の人々にとっては大気汚染の防止よりも、貧困、栄養、衣服、住居、医療、雇用といった問題の改善の方がより大きな問題になっております。……先進諸国が貧困、無知、病気の追放に巨歩を進め、環境への配慮に高い優先順位を与えることを可能にしたのは、まぎれもなく経済の成長であります。……生活必需品の供給が、満足しうる最低限のレベルにさえ達していない国では、環境保護のために相当な力を割く余裕はないのであります。……実際、開発なくしてこういった環境汚染を解決することは不可能でありましょう。なぜなら、ポリューションと闘うのに必要な能力は、低所得では手に入らないからです」

半世紀前の発言だが、今でも聞かれそうな率直なスピーチだ。このような、いわば先進国責任論は、その後の国際会議においてはほとんど常に提起され、その度ごとに先進国は、資金の提供と技術の移転を要求され、人口増、貧困、都市化(スラム化)、社会システムの近代化の遅れなどに苦しむ途上国は、経済開発を加速させるしかなかった。

この問題に一定の決まりを与えたのが、1992年開催の「地球サミット」で採択されたリオ宣言の第7原則「共通だが差異のある責任原則」だ。その原則は、あらゆる国は地球環境の悪化に共通の責任を有するが、特に先進国は、財力と悪化への寄与に応じて特別の責任を有する、というもの。1997年に採択された京都議定書においては、この原則に基づき、先進国のみに温室効果ガス（GHG）の削減義務が課せられた。この後、中国、インドなどの新興途上国も経済発展により多量のGHGを排出するようになったので、当時のオバマ大統領による中国やインドなどの首脳への直々の説得もあって、2015年に採択された「パリ協定」においては、一律ではないが全ての国が削減義務を負うことを規定している。

④の東西冷戦終了後の1990年代以降、貿易の自由化という規制の緩和と交通・通信手段の高速化とによって、ヒト・モノ・カネがほとんど瞬時に移動することが可能になったことである。私の若い頃は、アメリカと通信しようとすると、エアメールで速達を使っても片道1週間くらいかかることはザラだった。それが今では、ネットを使えば、文字通り瞬時だ。航空網が拡充されているので、外国に行くのもいとも容易になった。

こうなると、製造業のみならずサービス業などでも、人件費、物流費、土地代、オフィス代などのコストの安いところへビジネス拠点は移動する。その結果、国内の労働者が仕事を失ったり、人件費が切り詰められたり、移動先の地場でビジネスをしている人や企業との食うか食われるかの競争、あるいは合併等は激しくなり、結果としてますます経済の規模や効率への関心は高まり、環境への配慮は低下しがちとなる。

もちろん、現実のグローバルビジネスは、もっと複雑に展開するのであろうが、大筋だけ見れば、ほぼこんなものではなかろうか。ビジネスのグローバルな展開とIT技術の革新が急テンポで進み、結果として地球環境の広範かつ急速な劣化をもたらしただけでなく、貧困格差の拡大や今回のコロナ危機が、極めて短期的に世界中に拡散することを許してしまったと言えるだろう。私がコロナ危機と環境危機とは「異母兄弟」だと言うゆえんである。

以上、1960年代から今日に至るまでの世界と日本の経済社会の流れと、そこにおける環境保全側からの対応を、大づかみに概観してみた。この作業を通して改めて痛感するのは、

- 世界人口の急速な増大とともに、その時々の政治状況等を反映して、経済が拡大する必然性、必要性があったこと。
- その結果、CO_2などの温室効果ガス（GHG）に代表される環境悪化の要因は着実に増加し続けていること。
- 世界も日本もそれ相応の環境対策を取ってきたが、地球環境の悪化をほとんど止められなかった事実を考えれば、明らかに不十分だったこと。
- 2000年以降は、グローバル経済の進展による格差拡大と、半世紀続いた米国主導の諸体制のタガの緩みが顕著になったこと。その象徴は、ブッシュ大統領（子）の自国経済への悪影響を理由とする京都議定書の拒否。これが日本を含むその後の環境対応を停滞させ、トランプ政権のパリ協定離脱やWHO脱退に繋がる。そのスキを突いた形で、コロナ禍の一大パンデミック化。
- 日本は、これまで一貫して欧米での対応努力に追随するのに精一杯で、日本独自のイニシアチブを発揮して、先進国としての責任を果たす気概も実績にも欠けたこと。「今だけ、金だけ、自分だけ」心理の克服が、日本のカギ。

ということである。

結局、産業・エネルギー革命、技術革新、社会科学に基づく制度づくり等の流れは、これまでのところ欧米社会がしつらえた舞台上での演技であっただけに、日本の独自性を発揮し得ないでいたのかもしれない。しかし、比較的最近までは、普遍的で完璧とも思われていたその舞台

が、今や老朽化し、崩れかけている実態を考えると、足るを知り、自然との共生を大切にし、利他の心を持ち、自己犠牲もいとわない日本の伝統文化（5－1参照）を21世紀の文脈で捉え直し、人類社会の持続性回復に大いに貢献する機会が来たように思われる。これが人類社会の将来に一筋の希望を見出す、ほとんど唯一の理由だ。そして、このような作業は、やはり既成概念にとらわれない若者や女性こそがフロントに立って環境対策を主軸に据えた国づくりを担うのがふわさしいと真剣に考えている。第3部以降は、その際の羅針盤になって欲しいとの願いをかけた提案について述べる。

第3部

希望は「環境文明」

多くの読者にとって「環境文明」という言葉は、西洋文明、東洋文明、石油文明などと異なり、中身が想像しづらい言葉かもしれない。場合によっては、何か新興宗教めいた怪しげな文明との印象を持たれる方すらおられるかもしれない。

そこで、私や仲間たちがどうしてこの言葉に辿り着いたのか、なぜ「環境」がそんなに大事なのか、また「環境文明」社会になったら、具体的にはどんな姿になり、なぜそれが希望となり得るのか、などについて、ここでは語ってみたい。

3-1 なぜ私は「文明」などを語り始めたか

私は中学3年の夏、父親の転勤に伴い、城下町の雰囲気が残っていた茨城県古河市から、今も住んでいる横浜市鶴見区内に転居した。住み始めた頃、この街は京浜工業地帯の大工場群からの大気汚染の影響と、近くに立地していた国鉄貨物の一大操車場に配置されていた多数のＳＬ（蒸気機関車）の煙をまともに受ける位置関係にあったため、どうしても大気汚染公害に悩まされる日が多かった。

大学生になる頃には、日本の高度経済成長に伴い、日本各地で頻発するようになった各種の公害問題にも、若者として関心を寄せるようになった。四日市公害、水俣病、イタイイタイ病などはマスメディアでも取り上げられていたからである。当時の社会の雰囲気としては、利潤追求に明け暮れる資本主義経済下の日本だからこそ公害が発生するとの意見が声高に語られる一方、急速に成長し国民を豊かにする経済がもたらした“必要悪”として日本の公害問題を論ずる意見など、イデオロギーと絡めた議論もあって、論壇をにぎやかにしていた。

そんな中、私は東京大学工学部土木工学科と同大学工学系大学院で、専門としては水質汚染調査や汚水処理技術を勉強した後、厚生省の環境衛生局に新設されて間もない公害課で公務員生活を始めた。昭和41年（1966年）4月のことである。

それ以来、公務員として、年を追うごとに深刻化してきた産業公害への対策最前線で奮闘してきた。主として四日市などのコンビナート公害対策に取り組んでいたが、さすがに日本の政治も大きな展開を見せた。1970年の秋から冬にかけての臨時国会は、被害住民の激しい抗議行動とメディアの猛烈なキャンペーンを背景に、公害対策に関する審議が中心となり、「公害国会」として記憶される国会となった。政府もこの国会では公害対策基本法と大気汚染防止法の改正を含む14本にも及ぶ公害対策関連法案を提出し、厳しい審議を経て、これらの法案は可決された。これにより、環境破壊に対するほとんど最初のまとまった法体系がひとまず整った。その上に当時の佐藤栄作首相は、いくつもの省庁が対応していた公害対策とともに国立公園の管理と自然環境の保全を政府として一元的に対処するため、米国で一足先に新設されていた環境保護庁(EPA)のことも参考に、この年の暮れに「環境庁」の設置を決断し、翌年の通常国会で必要な法律を成立させ、71年7月に同庁は発足した。

このような急激な変化は、若くて政治や行政には不慣れな私にとっては想定外の展開であったが、環境庁の発足と同時に厚生省環境衛生局から同庁の大気保全局に出向し、本格的な環境行政のスタート時に居場所を得た。72年に入ると、国連としては最初の環境会議とも位置づけられる国連人間環境会議への準備を命ぜられ、同年6月にストックホルムで開催された同会議に政府の代表団の一員として参加し、私にとって初めての国際会議への参加となった。このことも契機になったのか、翌73年9月からは、パリにあるOECD日本政府代表部に新設された環境担当書記官として3年間派遣され、OECDの環境委員会の仕事を担当し、外交としての環境政策を身をもって体験することとなった。

1970年代の後半になり日本の公害問題もかなり緩和されるようになると、急速な経済成長にもかかわらず、なぜ日本の産業公害が改善に転じたのか、国際的にも注目されるようになった。そのような流れの中で、環境政策の経済的側面に重大な関心を寄せるOECDの環境委員会は、日本の環境政策を、現地視察を含めかなり徹底してレビューし、「日本は公害との戦いに勝った」と評価する(1977年)までになってきた。この成果は、日本の中央や地方の行政はもとより、政治も企業も市民団体・被害者・マスメディアも、そして法廷さえ大奮闘して成し遂げられたものである。

当時の対策の特徴を言えば、政治・行政(地方行政を含む)による多様で厳しい規制と、低利融資や補助金などの経済的手法を用いた企業への支援並びに企業自身による技術革新であるが、それをしっかり支えたものに日本の公害防除装置メーカーや環境調査・アセスメント業者などの環境産業の本格的な勃興があったことも忘れられない。このような国を挙げての対策努力により、さしもの激甚な産業公害問題を20年足らずの短期間のうちにかなり制御することができたのである。私はまだ若輩な行政官ではあったが、この一連の動きに直接・間接に身をもって参加する貴重な体験を得た。

80年代から新しいタイプの環境問題が出てきた。オゾン層の破壊、酸性雨、地球温暖化、熱帯林の減少といった一群の地球環境問題である。このうち私自身は環境庁の大気規制課長として、まず酸性雨対策、そして89年から役所を辞める1993年までの4年間は、同庁の官房国際課長及び90年7月に企画調整局に新設された地球環境部長として、地球温暖化防止行動計画の策定や国際会議への出席など、主に温暖化問題を直接担当した。特に温暖化対策に腐心していると、それは若い時に経験した産業公害とは性質も対策手法もまるで違うことに気がついたが、その違いが何であるかをしばらくの間は明確に認識することはできなかった。ただ、地球環境問題は規制や技術革新だけで乗り切れる問題ではなく、大量生産・大量消費そして大量廃棄を当然としてきた20世紀型都市・工業文明がもたらした「文明の病」だと考えるようになった。それは地球環境部に在職していた時である。

この見立てが正しいかどうかを見極めるには、そもそも「20世紀型都市・工業文明」とはどんな文明だったかを、少なくとも地球環境の悪化をもたらした要因と絡めて明らかにする必要がある。そうでなければ、私が直感したように「文明の病」かどうかはわからないからだ。その上で、社会の持続性・安定性を取り戻すには（それができるとして）何が必要かを探り出さなくてはならない。

しかし、20世紀型の文明全体を再検討するという広範な作業は環境庁という政府の一部門でしかない役所の人間ができることではない。何しろ官庁には各省庁の設置法という、省庁の役割・権限を定めた法律があり、その中でしか官僚は公的には動けないし、個人として動こうにも官僚には「霞が関の掟」は厳然とある。この問題を自由に追求するためには役所を辞めるのがベストだ。そんなことをあれこれ考え、家族のことや自分の能力を考えあわせ、結局、自分にできるかどうかよりも、気候変動などの地球環境問題は文明の病だと判定した以上、ぜひ挑戦してみたいという気持ちは強くなり、その意向を環境庁の上司に内々伝えていた。

当時、私の中では役所を離れた後の人生コースには二つの選択肢があった。一つは大学に職を得て、そこで環境と文明の関わりを研究し発信することであった。実際、少し前から大学の先輩などを通じて、二、三の大学から役所卒業後には大学に来ないかとの誘いはあった。しかし話をよく聞いてみると、いずれも自由に存分に研究できる環境にはないことがわかり、早々に選択肢から外した。

もう一つは、自らNGOを立ち上げることであった。それは地球環境部時代に「地球サミット」での目玉課題となる温暖化対策の国際交渉に2年ほど参加した際、政府間の交渉の場にグリーンピース、WWF、地球の友（FoE）などの国際NGOも参加しており、しかも政府顔負けの重要な貢献をしている姿を毎回見せつけられ、NGOの役割や機能に対する私のそれまで持っていた認識を180度転換する経験をしたからである。彼らが持つ情報力、分析力、人脈、発信力、交渉力の高さを初めて知り、翻って日本にこのようなNGOがない（当時）のなら自分で立ち上げようと考えた。

92年6月、リオで開催された「地球サミット」は、私が思っていたよりも成果を挙げることができた。日本政府も当時は自民党の竹下登元首相を中心とした「環境族」も健在だったこともあり、環境ODAの大幅増額を表明するなどそれなりにその成功に貢献した。「地球サミット」の成果を日本の環境行政に取り込むため、政府は公害対策基本法に替わる、環境基本法案づくりに早速取り掛かった。私自身は国際協力関係を中心に法案づくりに参加し、国会での審議が一通り終了した93年7月、自分が心に決めた挑戦を実行するため退官した。

退官といっても、公務員であることがいやになったとか、上司や政治家筋から圧力を受けたりいじめられたというわけでは全くない。いや、むしろエンジョイしていた。しかし文字通り「文明」の問題を自由に、独立して、思う存分に考え、発言したり行動したいと純粋に思ったからである。それにあえて言えば、公務員としてその時々に与えられた仕事に全力を傾けて取り組み、それなりの成果を挙げることができた自負もあったので、迷いもなかった（参考までに、公務員時代に担当した仕事のリストを本書の巻末に付しておく）。

当時53歳と比較的若かったので、人からは「なぜ役所を辞めたのですか？」「"文明の病" という思いを役所では追求できないのですか？」とか、「ずいぶん思い切ったことをしましたね。生活は大丈夫ですか？」など様々な質問も受けたが、私自身は役所で27年余、いわば「規定演技」を一生懸命してきたので、これからは誰にも遠慮せず、自由に考え、発言する「自由演技」をすることにしたと説明していた。幸い家族も私の決断を理解し、未経験の途に踏み出すのに反対は全くなかった。

地球サミットの終了と同時に、独立することを真剣に考え始めてから実際に辞めるまで、約1年間の時間があった。その間は、環境基本法案の作成業務に当然ながら全力を注いだが、休日など空いた時間には私自身の心の整理とともに、自分の新しい城として設立を考えていた環境・文明研究所のオフィス探し、そして何よりも環境と文明の問題を一緒になって考えてくれる仲間づくりと立ち上げるNGOの中身のことなど、少しずつ準備を進めることができた。

研究所は私の個人事業所として、退官直後の7月中に川崎市中原区のマンションの一室で立ち上げた。最も肝心な、文明を考えるNGOの立ち上げについては、まず発起人であるとともに、その後も会の運営に当たってくれた仲間づくりだ。当時、「エコ企画」という環境教育コンサルタント会社を運営していた藤村コノヱさん、もう一人は、財団法人日本環境衛生センターで長いこと編集業務などをして定年で退いたばかりの古谷野加代さんの二人に呼びかけ、一緒にやろうとの同意を得た上で、藤村さんが勤めていたコンサルタント会社時代の友人で、当時は大学院に入りなおしていた荒田鉄二さん（現・鳥取環境大学教官）、また古谷野さんが敬愛していた薬学者で日本環境衛生センターとWHO勤務経験のある鈴木猛さんの計5人で、文明を考えるNGOを立ち上げることとした。

早速8月に熱海で2泊3日の合宿を行い、私たちの誰も経験したことのないNGOの運営（会の目的と名称などの規約、会員区分や会費の額、会報の編集方針など）について検討し、中身を確定した上で、93年9月1日付で「21世紀の環境と文明を考える会」を任意のNGO（当時はNPO法はまだない）として正式に発足した。そして9月の中葉から会員募集を始め、翌10月から会報『環境と文明』の発行を開始した。

この会報は月刊とし、創刊以来1号も休まず、環境と文明に関わるオピニオンと国内外の環境対策の最新動向などを発信し続けている。バックナンバーも揃っているので、日本で独自に生まれた環境NGOがどのような歩みを辿り、どのようなオピニオンを発信していたかに関心のある方は参照してほしい。

ところで、その創刊号の巻頭文「風」において私は、「座して待つか、働きかけるか」と題した発足の辞を掲げた。今から27年前の私の気持ちが表明されているので、少々長いが、中葉から末尾までの部分を、当時の意思を思い返す意味で、ここに再掲する。

その文章においては、日本の公害対策は成功したが、それは経済・社会の体質は不問のまま、システムの末端に処理装置をつけて汚染を取り除く手法であったと述べた上で、次のように表明している。

「このような手法は、21世紀に向けての地球環境問題に通用するだろうか。とても通用しそうにない。温暖化に伴う気候変動、熱帯林などの生物資源の急速な減少、数か国にまたがる酸性雨などの問題を考えてみただけでも、一国内の規制を主体にする手法に限界があることは自明だ。

ましてその原因が、先進国の飽くなき豊かさ追求や、途上国の生きんがための環境資源の食い潰しにあるとすれば、それは20世紀文明の体質からにじみ出た“病気”のようなものであり、端末での対症療法だけではこの病気に対処しきれないであろう。

これからの環境問題に真正面から取り組み、子孫に豊かな環境を引き継ぐためには、どうしても我々の文明そのものを改めて検討した上で、21世紀に通用する経済、社会、文化、ライフスタイルのあり方を探り出し、かつ構築していかなくてはならない。

とはいうものの、私個人のライフスタイルを変えることを考えると、その難しさが身に染みる。文明は生活の血や肉になっており、その変更には大きな苦痛や困難が伴うであろう。しかし、地球環境の危機、ひいては人類社会の危機を座して待つわけにはいかない。

私がこの7月に役所（環境庁）をやめ、環境・文明研究所なるものを設立したのも、また多くの人の参加を求めてこういう問題を考えるための会をつくったのも、ひとえに21世紀に向けて環境と文明のよりよい関係を探求したいと思ったからである。

皆様のご支援のもと、全員でこの20世紀最後の難問に挑戦していきたいと心から念じている」と。

創立時の5人のメンバーのうち、古谷野さんと鈴木さんは共に、大張り切りで草創時のロジスティックを含む会と研究所の理念などの基礎作りを立派にこなしてくれていたが、残念ながら数年のうちに病没された。藤村さんは、10年ほどは自分の環境教育コンサル会社の運営と「考える会」の活動とに半々のエネルギーを注いでくれたが、その後、会の専務理事、さらには共同代表として私を支える役割を担ってくれるようになるとともに、自分の会社を閉じて、会と研究所の運営に専念するようになった。2018年からは私が会の顧問に一歩退き、藤村さんが代表理事となって、今はこの会を引っ張ってくれている。また荒田さんは

10年ほど会や研究所の常勤スタッフを勤めてくれていたが、縁あって大学の教員に転身した今でもいくつかのプロジェクトに参加している。

ここで特筆すべきは藤村コノヱさんだ。彼女は千葉大の教育学部を卒業して郷里の大分県別府市の小学校で教員をしばらく勤めた後、東京に出てきて、環境庁の臨時職員となった。ここで環境問題や環境行政のことを初めて知ることとなり、いわば環境問題に開眼した。2年で環境庁を退いた後も、公害・環境系の会社にしばらく勤めた後、自分の専門だった教育と環境を結び付けた環境教育のコンサルタント会社を自ら立ち上げた。環境庁や東京都、神奈川県、茨城県などの都県や、川崎市、四日市市などの自治体の委託を受けて、行政職員や一般市民相手の環境学習を実施していた。そんな折、私が退官してNGOを立ち上げることに意気投合して、彼女は創立メンバーとして一緒に行動することとなった。

その頃、私が彼女について感心したのは、「加藤さんは地球環境の悪化ばかりを重視しているが、私にとってはたとえ環境が良好だとしても、人間が幸せになれなければダメ。でも人々の価値観やライフスタイルが今のままだったら、人も社会も持続可能ではない」と明言したことである。今なら少しも驚かないが、当時の私は、地球環境の劣化ばかりが気になっていたので、彼女のコメントを聞いて、なるほどと説得された。それ以来、彼女の考え方や視点には私にないものを持っていることがわかり、その後も様々な場面で、互いに欠けている部分を補い合い、共に前進する関係が今でも続いている。この組み合わせが、今日までのNPO環境文明21の強みであり、特色であると私は考えている。

なお彼女は、NPO活動の傍ら、東京工業大学の社会人博士課程で学び、2010年3月に環境NPOが国や自治体の環境政策形成過程に参加することの有効性に関する研究で学術博士号も取得している。また日本の環境NPO連合組織である「グリーン連合」の創立（2015年6月）に私と一緒に奮闘し、現在は「ダイオキシン・環境ホルモン対策国民会議」の中下裕子さん、「環境市民」の杦本（すぎもと）育生さんと共にその共同代表となっており、同連合が毎年1回発行している市民版環境白書とも言うべき『グリーン・ウォッチ』の発刊以来の編集責任者となって、こちらでも存分に活躍している。

ところで、私が考える「文明」の概念については、本書の「はじめに」でも触れたが、改めて再述すれば、「文明」とは、「ある時代や地域に関し、その政治、経済、社会、文化など一切を包合した社会のあり様そのもの」である。そこで、20世紀型の都市・工業文明を対象にした環境・文明論を展開しようとすると、まずは「社会のあり様」を形作る核となっている人々の価値観や倫理観を、環境問題との絡みで検討することが必須である。そこで、まず取り上げるべきは「環境と倫理」だということで、会発足後の最初の具体的プロジェクトとして「環境倫理」を94年4月から取り上げ、①環境倫理とは何か、②なぜ必要か、③環境倫理はルールか、価値観か、思想・哲学か、④地域や時代と共に変わるものなのか、⑤具体的項目は何か、などを巡って検討することを決めた。当会としては最初のグループ活動であり、それへの参加を広く会員に呼びかけ、概ね1～2カ月に1回のペースで勉強会を積み重ねた。合宿を含め、約3年活動した成果としては、97年12月に『地球市民の心と知恵—なぜいま環境倫理か』と題する本となり、中央法規出版から刊行した。この本では、「環境倫理グループ」に参加した多彩な9人が執筆に加わり、今読み直しても示唆に富む読み物となっている。

このやや理論じみた調査研究活動とは別に、94年10月には「宮沢賢治の思想と生活を訪ねる会」を、岩手県花巻市と盛岡市で会員に呼びかけ実施し、地元の人のご協力をいただきワークショップを開催している。これには多くの参加があり、思い出深い楽しい学習旅行となった。2000年5月には、ほぼ同じ形式で「田中正造ゆかりの地を訪ねる会」を、茨城県古河支部のメンバーのお世話で開催した。正造の生家や郷土博物館、渡良瀬遊水地などを訪れ、「正造の精神を21世紀にどう生かすか」をテーマにミニ・ワークショップも実施した。このような活動こそ、私が役所にいたら絶対できないことであり、NPOであることの醍醐味を味わった。

なお、この倫理問題は、私たち「環境文明21」にとっては文明の基盤にある価値観に関わる最も本質的な活動であるので、その後も形を変えて継続している。例えば、街中にたくさんあり、確かに便利ではあるが、都市内景観や電力エネルギーの消費など環境にも関係の深い飲料自販機に着目して調査し、良きあり方を提案するモデル条例を作成し、自治体に提案するなどの成果を、『飲料自動販売機から見える環境問題』と題して1999年10月に、また食卓と食料をからめて検討した成果を『食卓から考える環境倫理』にとりまとめ2001年10月に、おのおの「環境と文明ブックレット」として刊行している。今現在は、「脱炭素社会」に求められる環境倫理を、会の仲間と一緒に探求している。

このように、私たちの、平和で持続可能な文明社会の探求は人々の価値観の核となる「環境倫理」の考察から出発した。もちろん、環境と文明との接点を考える際の事項は倫理だけではない。経済も政治も技術も教育もみな絡んでくる。したがって、その一つひとつを会員と一緒に時間をかけて検討したが、それについては第4部以降で取り上げる。なおNPO法人「環境文明21」の現在の活動状況等を巻末に掲げておく。ここにご参加下さり、一緒に探求していただければ幸いである。

3-2「環境文明」という文明

私たち「環境文明 21」は気候変動などの地球環境問題と、それをもたらした 20 世紀型の文明との関係に着目して活動を開始したため、関心事は、当初はいつも「環境と文明」であった。まず 1993 年に立ち上げた研究所の名称は「環境・文明研究所」であり、NGO の名称も「21世紀の環境と文明を考える会」であった。その環境・文明研究所を 2 年後に株式会社にして登記する際、司法書士から中ポツ「・」はよくないと言われ、環境文明研究所に渋々改めた。この段階では「環境文明」という一つのジャンルがあり得るとは考えていなかった。さらにその 4 年後の 99 年に、当会を NPO 法人化する際、名称を「環境文明 21」に短縮したが、この段階でも、私は環境文明という文明があるとは考えず、単に「環境と文明」の短縮形としてしか考えていなかった。

しかし、2000 年代になると、環境の悪化と並行して、社会の劣化が目に余るようになってきた。バブル経済が崩壊し、経済が急速に悪化しただけでなく、政・官の不祥事の頻発や青少年の犯罪の増加など、社会のタガが目に見えて緩んできた。私たちは持続可能な社会を求めてこの会を設立し、運営してきたが、私が当初、重点を置いていた環境以外にも、経済そして地域、家庭、教育、働き方などの人間社会の要素も、持続性を保つ上では同様に重要だと気がついてきた。この認識の変化には、環境教育の専門家である藤村コノヱさんの影響が大きかったように思う。このようなこともあって、経済や人間社会のあり様なども私の視野の中にも大きく入るようになってきた。

一方、今世紀に入ると、地球の温暖化問題はますます深刻化し、それに関する科学的知見も、専門家の間では着実に積み上げられてきた。国際専門家パネル（IPCC）の数次に及ぶレポートは、地球温暖化が人類社会の将来に重大な脅威となるとの証拠を着実に積み上げ、警告の声を一段と高めてきた。そのようなときに、イギリスのブレア政権から「低炭素経済（low carbon economy）」という言葉やコンセプトが出てきた。イギリスの地球温暖化政策の方向性を「低炭素経済」という簡明な旗印で表現し、その中身として排出量取引と気候変動税という名の環境税を共に導入したことに、私は大いに感心し、早速、会報でも紹介した。この低炭素経済という言葉は多くの所で使われることになり、ほぼ同じ意味で「低炭素社会」という言葉も使われるようになってきた。

確かに、温暖化問題に対処する社会の旗印として「低炭素社会」と表現することに何の違和感もない。しかし、日本のある大物政治家のように「低炭素社会を目指す日本」と言われてしまうと、それはちょっと違うと思うようになった。なぜなら、日本が目指すべき社会は、経済も人間社会も、そしてその基盤となる環境のいずれも持続可能にすることが必要であり、いかに重要とはいえ、低炭素にする（CO_2の排出を少なくする）だけでは足りないと思ったからである。

では、そのような社会をどう表現するのが適当か。もちろんずっと前から広く使われていた「持続可能な社会」で良いが、それだけでは重要なポイントが薄まると思うようになった。なぜなら水や空気や生き物のように生活や経済活動に欠くことのできない基盤でありながら、長いこと軽視され、なおざりにされてきた環境。その結果、気候異変や生物種の減少のような環境の著しい劣化は、人類社会の現在及び将来に極めて大きな被害をもたらしかねないことを科学が明らかにした以上、環境の保全を主軸に据え、重視する新しい文明、すなわち「環境文明」という文明があり得るのではないか、またそれを構築する必要があるのではないかと考えるようになった。

「環境文明」社会というと私たちの会の名前を冠した社会であるので、我田引水とお叱りを受ける可能性もあり、それを避けねばならないとは思いつつも、人間社会が将来にわたって生きいきと生存を続けていくためには、その生存と活動を支える基盤である環境を何よりも重視し、その保全を通して経済や生活を再生していく新しい文明社会を作る必要があると、2008年頃から私は考えるようになった。これまで「文明」と言うと、例えばギリシャ文明、西洋文明、東洋文明あるいは都市文明のように、地域に着目したネーミングがある一方、石油文明、工業文明、自動車文明のように、その時点の社会で最も特徴的なプレーヤーに絡めたネーミングもあった。その意味で言えば、今日、地球上の人と生物にとって危険なまでに損なわれた資源である「環境」（特に自然環境）を改めて見直し、回復することを何よりも重視する「環境文明」があってしかるべきと考えた。

ところで、この「環境文明」社会とは、どんな社会なのか、今とはどこがどう違うのか、またこの社会を立ち上げていくには何が必要なのか、等については次章以降で詳しく説明するが、ここではイメージをつかむよすがに、簡単なスケッチをあらかじめ示せば次のようなことになろうか。

- 基本的には、これまでの人間活動の結果、本来的に有限な地球の環境容量にはもはや余裕が全くないこと（コラム3参照）を厳しく認識し、人間の経済活動などがいかに変化しても、地球環境への負荷は現状以下に抑制する。
- 経済の成長よりもむしろ、環境の保全を最重視する。特に技術の開発・利用にあたっては、環境の負荷を最小にするよう確実な技術アセスメントを行う。また生物の種や個体数のこれ以上の減少は許さず、むしろ生きいきとした生物相を回復するよう、あらゆる機会に努める。
- 人間が人間らしいゆとりと尊厳をもって生き、そしてその生を次世代に継いでいけるよう、現在のグローバル主義を改め、格差と貧困を最小化する社会経済政策を確立する。
- 次世代への教育の中身を見直し、そのための人材育成と投資を惜しまない。
- 政治への参加など、市民一人ひとり（特に若者と女性）も社会の維持・向上のために可能な範囲で責任を果たし、政治を他人事とはしない。
- グローバル経済よりもむしろ地域の文化や暮らしを持続可能にする地産地消型のローカル経済の発展を促す。

このような骨格を持つ社会を「環境文明」社会と考えている。

そこで、その社会を改めて定義すれば、「**環境文明とは、地球環境に限りがあることを認識し、社会・経済活動が環境に悪影響を与える場合には、環境の保全を優先することで社会の持続性と安全・安心を確保した上で、人間性の豊かな発露と公平・公正を志向する文明。環境文明社会とは、これら文明の要件を体現する社会である**」ということになる（環境文明21編著『生き残りへの選択―持続可能な環境文明社会の構築に向けて』、2013年に掲げた定義を一部修正）。

持続可能な環境文明社会への転換の必要性について、多くの人々から一定の理解と支持が得られることを切に願うが、この後本書で述べるような一連の施策を講ずるための制度的、技術的な準備期間を考慮すると、どうしても今後10年ほどの時間は必要となる。

そこで私たちは2030年頃までには、少なくとも日本において環境文明社会への入り口くらいまでには辿り着きたいと考えている。もしその転換がそれより遅くなると、80億～90億人を数える世界人口が、今回のコロナ感染に悩まされるだけでなく、気候変動の不安定さが増す中で、限りある資源（食料、水、土地、鉱物など）を奪い合う状況に陥ることになり、そうなれば世界は極めて不安定になり、破局へ向かう可能性が大きいと真剣に心配しているからだ。

以上の考察は主として日本の社会を対象にして進めてきたが、世界の状況を考えると、先進国、新興国、途上国と様々な発展状況にあり、地理的、文化的、宗教的にも相当に差異がある。また同じ国内、地域内といっても、貧富の格差もますます大きくなる傾向にあり、人類社会全体として持続可能性は危うくなりつつあるとの認識は多くの人に共有されるようになっている。

実際、国連を中心として国際社会はこの問題に、人口、環境、食料、健康など様々な切り口で、人類社会の持続性を確保するための努力を1980年代から続けてきたが、その集大成として2015年9月の国連総会でのサミット会合において、全会一致で採択したものが、2030年を見据えた「持続可能な開発目標（Sustainable Development Goals = SDGs）」である。つまり国際社会としては2015年から15年かけて、世界全体で持続可能な状況を何とか確保するにはどうしたらよいかを、市民、専門家を交えて検討した結果、**貧困、飢餓、健康・福祉、教育、ジェンダー（女性）、水、エネルギー、経済・雇用、産業・技術、不平等、まちづくり、生産と消費、気候変動、海洋の恵み、陸の恵み、平和・公正、そして連携（パートナーシップ）**の17分野が最重要と認定した。そしておのおのに10前後の具体的な目標（多くは定性的）を示して、各国政府はもとより、自治体、企業、市民団体等のあらゆるセクターに、「誰一人取り残さず」の目標を達成する努力を要請した。これ以降、日本でも「SDGs」という横文字がメディアなどでも目立つようになり、民間企業もそれぞれの得意分野で頑張っているという主旨の広報をよく見かけるようになっている。同じ年の12月には、気候変動対策を京都議定書に替わって抜本的に強化する「パリ協定」が、国連会議（COP21）の場で同じく全会一致で採択されている。しかしパリ協定に対しては、安倍政権も多くの日本企業も、SDGsに対するような前向きの姿勢をこれまでのところ示していないのは残念である（これについては後述する）。

さて、SDGsについての説明が少し長くなったが、私たち「環境文明21」はSDGs策定のために何の貢献もしていない。しかし2015年の秋になって国連がSDGsを設定したことを知り、関連文書を読んでみると、私たちが積み上げてきた環境文明社会の理念と実現のために特に働きかけようとしている対象とSDGsの17分野とは共通する部分が多いことに気がついた。もちろん、私たちの環境文明社会の考察は、日本社会を念頭に置いている。したがってSDGsにある「貧困」、「飢餓」、「水」、「ジェンダー」などの分野を私たちは重要分野として直接取り上げていないが、前述した「環境文明」社会についての6項目のイメージや、3－4で述べる「環境文明」社会の具体的な姿を見れば、人間が人間らしい生を全うするのにふさわしい社会を築き持続させる意思と方法においては、SDGsと共通しているのはある意味当然であろう。そう考えると、私たちが提案している「環境文明」社会は日本版SDGsであるとも言えるのではないだろうか。

ところで、本書の中で「人間の活動量が地球の環境容量の限界を超えた」や、「地球の環境容量にはもはや余裕は全くない」などの表現をたびたびしている。しかし人々の中には「そもそも地球に環境容量（いわば定員）など本当にあるのか？　どうやって計測するのか」や、「容量をオーバーしたと言うが、その証拠は何か」など、納得されない人はたくさんおられると思う。そこで、以下に一括して「証拠」となる事実を列挙しておこう。

- 大気中の CO_2 濃度は、産業革命以前の約1万年はほぼ安定していて280ppm程度であったのが、2019年現在では410ppmに達している。この濃度はよく言われる過去80万年どころか過去数百万年の間、人間が経験したことのない未体験ゾーンに入っていること。
- 生物種の絶滅は、国内外でこれまでも度々報告されてきたが、2019年に国際専門家集団のIPBESが明らかにしたところでは、動植物のうち約100万種が今後、数十年以内に絶滅する可能性があること。数十年以内といえば、例えば今年生まれた赤ん坊が普通に生きれば寿命のあるうちに100万種が絶滅する可能性があるということで、これを知らされたことは、ある意味、自然界に生息している動植物にとっては死刑宣告のようなものだ。
- エコロジカル・フットプリント分析（コラム3参照）により、地球の自然環境が持続的に受け入れ可能な量に比して、人間の諸活動量が1970年以降、大幅に（約1.7倍）超過していることが定量的に示されたこと。
- 環境ホルモンによると思われる成人男子の精子の数の著しい減少が進み、人の生殖機能の衰退（場合によっては広範な不妊）により、世界の人口構造の変化が危惧されていること。

これだけの危機資料を前にしてもなお、人々も日本政府もこの問題に正面から向き合い、対策を取ろうとしないのは不感症ないしは犯罪的怠慢である。この原稿を書いている時、世界中で新型コロナウイルスによる感染症被害が爆発的に発生し、どの国の政府も巨額の資金を投じて救済策を取ろうとしている（日本の場合、まず補正予算で57兆円超を投入）。もちろんコロナ問題も非常に重要だが、それに比べれば桁違いに大きな災厄、すなわち、数十年以内に人類社会にもたらされることが確実な環境の危機が進行し、科学者・専門家たちはその危険を繰り返し警告しているにもかかわらず、相応の対策を取ろうとしていないこと自体が、人類社会にとっては最大の危機だと私は考えている。

コラム3

エコロジカル・フットプリント分析

エコロジカル・フットプリントとは、ある人間集団（国、自治体・企業など）が、生産・消費・廃棄などの経済活動を通して、どれだけ地球の自然環境に依存しているかを、足跡の面積（gha）という共通の単位に置き換えて表したもの。その集団の活動量が増加すればフットプリント（足跡）は大きくなり、それだけ自然環境への負荷は増加する。「足跡」の計算に入れる要素は、以下のとおり。

図1　世界のエコロジカル・フットプリントとバイオキャパシティの推移

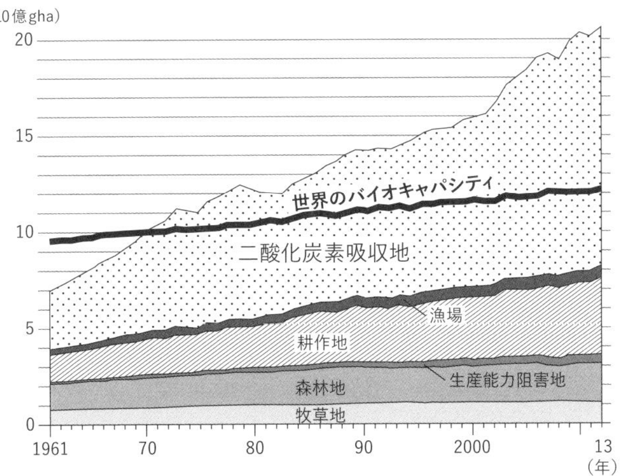

資料：グローバル・フットプリント・ネットワーク
出典：環境省平成30年版 環境・循環型社会・生物多様性白書第1部第3章より

①農産物の生産に必要な耕作地

②畜産物などの生産に必要な牧草地

③水産物を生み出す水域

④木材の生産に必要な森林

⑤二酸化炭素の吸収に必要な炭素吸収地

⑥住宅・工場やインフラに必要な土地

注）世界中の人々が、日本、ヨーロッパ、アメリカ並みの生活をすると、地球はそれぞれ 2.5 個、2.7 個、5.4 個必要、などとも表現されることがある。

3-3 なぜ「環境」がそんなに大切か

前章において、環境文明社会とは「経済の成長よりむしろ、環境の保全を最重視する」社会と述べた。この認識に対し、おそらく疑問に思ったり反論したくなる方が多いのではなかろうか。実際、この種のことを様々な場面で述べてきたが、典型的には次のようなコメントや反論をもらっている。

「加藤さんは環境の専門家だから、環境、環境と環境をさも重視しているが、世の中には大切なものはほ他にいくらでもある。経済も雇用も安全保障も教育も福祉も芸術も芸能もみな大切だ。大切なものがたくさんある中で、環境を最重視するというのは納得がいかない」

「経済の成長がなかったら、どうやって環境を守るのか。経済成長あればこそ、税収も上がるし、失業も少なくなるし、個々人のポケットもあったかくなる。だからこそ環境対策ができるのであって、経済が冷え込んで、国も企業も貧しくなってしまったら、環境保全もへチマもあるものか」

このような意見を私と同年輩の人からはずっと聞かされてきた（私が接触した若い人からは聞いたことはないが……）。

確かに、この世の中に大切なものは環境以外にもたくさんあるのは全くそのとおりだ。経済だってもちろん必要だ。私自身が役所を辞めて27年にもなるのにNGOだNPOだといって活動を続けることができるのも、日本経済の恩恵を直接、間接に受けていることは疑いもない。高齢化が進行し、また雇用の不安が増す中で、環境よりも明日の生計や雇用の場を重視する人がいるのもよくわかる。言うまでもないことと思うが、私は環境さえ守れば他はどうでもよいと思っているわけではさらさらない。しかし、あえて環境の保全を最重視すると主張する理由は何なのかを述べてみたい。

人が生きるのに何が必要かといえば、まず空気（酸素）がなければ生きていけない。生命のためには空気は必要だ。また水と食物が生きるために必須なのは言うまでもない。事故や地震、災害などによって、人が日常生活から切り離されて困難な状況に陥ってしまったとき、最も必要なのは水や食べ物だ。もちろんそれに加えて、生きていくのに適切な温度や湿度、身を守る住居や治安。さらに、心の平安を保つために自由とか公平とか正義とか愛とかも必要であろう。また人間の生存には自然環境が与えてくれる美しさや癒やしも必要である。文学、美術、音楽、宗教などの文化的活動には、自然が与えてくれるインスピレーションが不可欠である。実際、身の回りに草花や虫や鳥、樹木などの存在が精神の安定のためにも必要なことは、それから切り離された人が一番よく知っているだろう。

このように、人が生きる上で絶対に必要なものとして挙げたものは、ほとんど「環境」の要素となっているものだから、環境は大切だというわけだ。しかし、我々日本人の日常生活においては、このようなものが身の回りにあるのはあまりにも当たり前すぎて、生きていく上で最も必要だという議論をする必要はこれまではなかった。つまり人が生きる基盤（環境）が存在していることが大前提で、その上に立って人は経済の成長だとか、景気だとか、便利さ、快適さなどの確保に精力を注いできた。

しかし今、まさに、空気も水も食べ物も安全ではなくなりつつあり、80億人近い人が人間らしく生きるにふさわしい生活ができるかどうかの瀬戸際にあると私は考えている。もちろん、そう思うか思わないかによって、環境の大切さは違ってくる。しかし私自身は、20代の前半から今日に至るまで半世紀以上、大気、水、土壌、廃棄物などの環境問題に一貫して従事してきた人間として、人の生命が依存している最も基本的な空気、水、土、食べ物、適度な温度・湿度、などが世界では決定的に損なわれようとしている危機を感じている。だから、今日においては環境の保全が最も重要になったと主張しているのである。

大気の中に0.04％程度と微量だがCO_2が存在していて、それが地球の大気の温度をほぼ一定に保ってきたことにより、人間（人間だけではないが）は安定的に生存できた。ところが、18世紀の中葉になると、人は薪炭ではなく石炭を使って蒸気力を発生させ、その力によって工場内の機械だけでなく、汽車や船を動かす技術を開発した。そしてその技術を生産や輸送に取り入れた産業革命が、まずイギリスで実現する。すると、その強力な技術やシステムは瞬く間に、ヨーロッパ大陸の国々や大西洋を隔てた米国にも18世紀後半から19世紀前半に波及し、同世紀の後半には鎖国を解いた日本にも導入された。これら一連の流れの中で、石炭などの化石燃料の消費量は急速に増大した結果、CO_2などの温室効果ガスの排出量も増大し、大気中のCO_2などの濃度も上昇し始めた。大気中のCO_2濃度を精密に継続して本格的な測定を開始したのは米国人科学者キーリング博士だったが、このとき（1958年）のCO_2濃度は315ppm。その後、一貫して上昇を続け、2015年にはその値が400ppmを突破し、WMO（世界気象機関）によれば2019年5月には414.7ppmに達している。

その結果として、今ではよく知られるようになった地球温暖化が進行し、過去1万年ほどはほぼ安定していた大気や海水の温度の急激な上昇を今経験している。我々が見ている温暖化の影響として、海水面の上昇に加え、山火事の頻発、感染症や熱中症による健康や生命の損失、あるいは気候が異常になることによって、これまで経験したことがないような破壊的な台風（国によってはハリケーン、サイクロン）、豪雨や乾燥・熱波による山火事などが世界中で頻発している。

また水については、多数の人や企業が工場排水や生活汚水を十分に処理もせずに排出している結果、水の量も質も、著しく悪化してきている。日本に住んでいれば、水道水を、あるいはお金さえだせば今のところ清潔で美味しい水を、まだ苦労せずに入手できる。しかし世界の80億人のうち、このような水にアクセスできない人の数は増えており、おそらく20億人前後の人が安全な水を飲めず、汚れているのを承知でも簡便に浄化して日常的に使っている。

食物だって、今は日本などの先進国ではむしろ余り気味で、無駄に捨てているとして食品ロスが社会問題になるほどだ。食べ物を確保することに人生の多くの時間を使ってきた先祖たちに比べれば、食の確保に必要な手間などまるで問題にならない程度になっている。しかし、環境の変化によって食物の入手が不安定になっており、もはや日本人に馴染み深い水産資源（イワシ、サンマ、アジ、イカなど）でさえも、海水の温度上昇や海水に含まれるプラごみその他の廃棄物による汚染、そして人口の増加による魚の取り合いなどにより漁獲量が減少するなど、食べ物の不足が現実味を帯びてきている。それも一因で、昆虫食の開発・利用が日本でも進みつつあるほどだ。

今我々の周辺にいる多くの人たちは、食物の不足を巡って争奪戦が起こるだろうなどということは考えていないだろうが、気の利いた事業者は、気候変動と不安定な天候から食料不足を見越して、植物工場といわれる工場生産方式で農産物を得ようとしている。しかしこの方式では、野菜や果物は多少は割高でも確保できるが、大量に必要となる穀物類の生産は当分困難である。また、マグロやフグのような高級魚はお金のかかる養殖によって確保できるかもしれないが、多くの人がたんぱく源として大量に必要としているイワシ、サンマ、アジ、イカなどの大衆魚と言われた魚介類は、人工的な養殖で多数の人の胃袋を満たすことはできないだろう。

これら、人の生存と健全な精神生活に関わる条件をすべて包括しているのが「環境」だ。人類はもとより、この地球に生息しているすべての生き物の生き死にを左右する「環境」自体が危機に陥りつつあることから、環境保全は21世紀では何よりも重要になると考え、それを体現する文明を「環境文明」と呼んで、新しい生き方や経済のあり方を呼びかけているのだ。

2020年の春、新型コロナウイルスの感染症が世界中で瞬く間に一大パンデミックとなり、わずか半年ほどの8月末で2500万人超に感染し、そのうち85万人超の死者を出す未曾有の事態になった。感染の拡大を防ぐために、国により、都市により差はあっても、経済活動はもとより人間のあらゆる活動が、一時的とはいえ強制的に停止させられたり、あるいは自粛が強く求められたりするようになった。日本では国を挙げて準備を重ねてきたオリンピック・パラリンピックの開催すら延期することになり、また人々が愛好している春・夏の甲子園野球大会も中止せざるを得なくなった。この間、中国での感染拡大が初めて報じられてから半年も経たないごく短い期間での出来事であった。

この感染症の場合、感染しても症状が全く出ない人もかなりの割合でおり、しかも人によっては感染すると重篤な症状になり、死に至る場合も一定程度はあることから、人々の不安や恐怖が大きく、どこの国でも緊急事態の対応を取ることを余儀なくさせた。つまり、今回のコロナ禍の場合は、これが未曾有の危機であることを人々も政策当局も強く認識した故に、これまで採用したこともない手段（例えば都市の封鎖、外国人の入国禁止、様々な経済活動の停止、教育・文化・スポーツ関連活動の停止など）を取ることが可能になった。

では、気候異変や生物種の喪失などの環境の「危機」に対する人々や政策当局の対応はどうであろうか。これについては、たくさんの科学者・専門家、NGO／NPO、ジャーナリストが少なくとも 20 〜 30 年間、これが本物の危機になり得ることを、科学的データを揃えて訴えたり警告を発し続けてきた。その受け止めぶりは、国により、組織により、また人により大きな差がある。日本については、地球環境の現状に対して、これが本物の「危機」として受け止める人の割合は少なく、したがって安倍政権の取り組みは先進国（トランプ政権を除き）の中でも際立って甘いものだったが、それでも国内では野党も含めこれまでのところ通用してきた。

コロナ感染症に対する人々と政府当局の危機対応と、地球環境の「危機」に対する対応が日本ではなぜこれほど大きく異なるのか、ある意味、興味深い社会学的宿題である。

私としては、さしあたり二つの仮説を提示しておきたい。一つは、コロナ禍の場合は極めて短期間のうちに広範囲で影響が表面化し、その原因を PCR 検査などにより特定できるのに対し、環境の危機は一般に影響が出るまでに長期間要し、その原因も特定しにくいのが普通である（例えば大雨により大洪水が発生し、住宅が浸水し、人が流されて死亡したとしても、その原因としては、堤防の造り、維持管理の不備、建物の構造、自治体からの避難勧告等の不徹底、あるいは運の悪さなどが挙げられ、地球温暖化による被害と明確に結論づけるのは困難）。

もう一つの仮説は、特に日本については「環境問題」に対する理解がいまひとつということである。敢えて言えば、まだ理解が浅いために環境問題が有する広がりや深さに十分に思いが至らず、したがって想像力が不足し、将来の危機の姿が見えてこないのではなかろうか。この仮説に対する確たるエビデンスがあるわけではない。しかし、水俣病や四日市市のコンビナート公害に対しては、50年前、多数の市民があれほど怒り、激しく当局や工場に抗議しデモも繰り返したのに、地球の温暖化問題だと、政府の無策に対しても、また石炭火力発電所を増設しようとする企業に対しても、市民の抗議の程度は昔に比べれば格段に穏やかなのはなぜなのか。そんなことを長く考えてきて思い浮かんだのがこの仮説だ。日本人の多くは、水俣病の場合のように加害・被害が明確な場合は一般市民も行動を起こしやすいが、地球温暖化の場合のように受けた被害とそれをもたらした気候の異変とが直接結びつかない事柄については、その因果関係を辿るに必要な想像力が欠けているのではないか、と思えるのである。

そんなわけで、「環境」というものを大きく捉えるのに長けている欧米人の「環境認識」を探るのに最も適している、とかねがね私が考えている歴史的文書であり、今なお繰り返し参照され、引用されている文書を改めて紹介したい。

環境の大切さを世界的規模で初めて宣言したのは、「はじめに」でも紹介したが、1972年6月にストックホルムで開催された国連人間環境会議が採択した「人間環境宣言」である。その前文の最初の部分を、少し長いが、人類社会が全体として初めて到達した環境認識であるので、改めて次に引用しておく。

人間環境宣言

1. 宣言

(1) 人は環境の創造物であると同時に、環境の形成者である。環境は人間の生存を支えるとともに、知的、道徳的、社会的、精神的な成長の機会を与えている。地球上での人類の苦難に満ちた長い進化の過程で、人は、科学技術の加速度的な進歩により、自らの環境を無数の方法と前例のない規模で変革する力を得る段階に達した。自然のままの環境と人によって作られた環境は、共に人間の福祉、基本的人権ひいては、生存権そのものの享受のため基本的に重要である。

(2) 人間環境を保護し、改善させることは、世界中の人々の福祉と経済発展に影響を及ぼす主要な課題である。これは、全世界の人々が緊急に望むところであり、すべての政府の義務である。

(3) 人は、絶えず経験を生かし、発見、発明、創造及び進歩を続けなければならない。今日四囲の環境を変革する人間の力は、賢明に用いるならば、すべての人々に開発の恩恵と生活の質を向上させる機会をもたらすことができる。誤って、又は不注意に用いるならば、同じ力は、人間と人間環境に対しはかり知れない害をもたらすことにもなる。我々は地球上の多くの地域において、人工の害が増大しつつあることを知っている。その害とは、水、大気、大地、及び生物の危険なレベルに達した汚染、生物圏の生態学的均衡に対する大きな、かつ望ましくないかく乱、かけがえのない資源の破壊と枯渇及び人工の環境、特に生活環境、労働環境における人間の肉体的、精神的、社会的健康に害を与える甚だしい欠陥である。（以下略）

この宣言は、世界の人口が現在の半分の約38億人、経済規模は今日の4分の1程度であり、環境の害といえば、大気汚染、海洋汚染、酸性雨、熱帯林の減少、化学物質の害などは注目されていたものの、オゾン層の破壊も地球温暖化も、ごく少数の科学者以外はほとんど問題視していない時に発せられたものである。それだけに今読むと、楽観的とは言わないまでも危機感はまだ低い。それでも「環境は人間の福祉、基本的人権ひいては生存権そのものの享受のため基本的に重要」だときっちりと捉えている。

この認識を当時とそれ以降の為政者、企業のリーダー、それに市民一人ひとりがしっかりと受け止め、日々の生活や経済活動に反映できておれば、「我々自身と子孫のため、人類の必要と希望にそった環境で、より良い生活を達成することができる」（同宣言）はずであった。しかし不幸にしてそうならず、この会議開催の翌年の秋に「石油危機」が突然発生すると、政治・経済のリーダーのみならず一般の国民までが、ストックホルムで確認したはずの環境の重要性を忘れて経済モードに突入してしまった。それ以降、社会のプライオリティには多少の変動は見られたが、大概、経済モードが卓越してしまい、環境の危機の方は少数の専門家や目覚めた市民が空しく警鐘を鳴らすに留まってしまった。そこで私たち「環境文明21」は、殊更に「環境」を最重要視せざるを得ない、いや最重視すべきだと考え、訴えているのである。

江戸時代以前の日本には「花鳥風月」という美しい言葉があった。道元禅師の「春は花　夏ほととぎす　秋は月　冬雪さえて　涼しかりけり」はその心を見事に表現したものだろう。「花鳥風月」という表現はあっても、「環境」という言葉や概念はその頃にはなかったのではなかろうか。空気（大気）、水、土、動植物などで構成される（自然）環境は、この時代にあってはごく特殊な場合を除けば、汚れてもおらず乱獲もされておらず、ありふれた、ごく当たり前すぎた存在であり、道元禅師とは違って意識にも上らなかったのではなかろうか。

しかし今日では事情は全く異なる。人間の活動量が過大になって有限な環境の中では納まらず、空気も水も土地も改変・改質され、汚染されてしまい、動植物も100万種ほどが数十年以内に絶滅する可能性が出てきている。つまり「環境」が長いこと人間によって無視ないしは軽視あるいは乱用されてきた結果、人間が地上に現れて以来、その生存や健全な精神を支えてきた機能（基盤）が人間自身の活動量の膨張によって急速に失われようとしており、それ故に私たちは、今は何よりもこの環境保全が最重要であると考えているのだ。

3-4 「環境文明」社会の具体的な姿

「環境文明」社会ができた暁には、その社会はどんな姿形をしているのであろうか、今とは何がどう違うのだろうか、について説明してみたい。

「環境文明」社会が本格的に形成され始める2030年あたりを考えると、今の社会と外見上変わるところは比較的少ない。夜が明けたら人間が活動し始め、電車や自動車に乗って、あるいは自転車で勤めに行き、子どもたちは学校に通い、夕方になるとスーパーやコンビニに寄って食べ物や日常生活に必要なものを買ってくる。家ではテレビを見たり、インターネットから音楽をダウンロードしたり、一口で言えば外見上は今とはそんなに変わらない。つまり、どの時代であっても太陽は東から昇り西に沈むように、人間の生理が変わらない以上、その生活が大きく変わらないのは当然のことだろう。

しかしながら、外見はそうであっても、一歩中に入ると違うものになる。街頭を走る自動車はガソリンや軽油で走っているものは少ない。よく見ると大型の自家用車も少なくなっている。再生可能エネルギーを100％利用した電気自動車や水素で走っている車がかなりの数になっている。家の中で使う電気も、今のように化石燃料や原子力によってできた電気はめずらしくなりつつある。スーパーやコンビニで買う食べ物も、遠い国から輸送されてくる魚や肉、野菜などはめっきり減って、比較的近いところで生産されたものが多いだろう。フランスから飛行機でボジョレーヌーボーを運んできてそれを喜んで飲むのではなく、地場で採れたワインやビールを皆が喜んで飲んでいる。子どもたちも家に籠ってテレビやパソコンゲームをすることはうんと減って、外に出てサッカーやラグビーで飛び回り、相撲に興じている子どもたちの一群も見える。電気・電子類で遊ぶのではなく、電気エネルギーを使わないで自然の中で遊ぶ子どもの数が増えてくる。こうなると、近くのお寺や神社の境内は格好の遊び場だ。

コンビニでの買い物でも、かつてはプラスチックの使い捨てレジ袋がごく当たり前に使われていたが、今はその姿は全くなく、布や紙で作ったエコバッグが当たり前で、エコバッグという言葉すら、多分消えているだろう。

このように、「環境文明」社会になったからといって外見上は大きな変化があるわけではないが、その社会で共有される常識は、限界に達した地球の環境をこれ以上破壊しないように、そしてその中から人間として最大限の喜びや安らぎそして持続可能な経済活動を引き出そうとする生き方が当たり前になりつつあるはずだ。

2050年頃になると、温暖化に伴う異常気象の発生が日常的になり、建物も住居も防災型で省エネ構造が顕著となって、洪水常襲地域からの撤退が相当に進んでいよう。つまり都市や国土の使い方に変化が出る。今回のコロナ禍により、都市から地方に出てテレワークする人が出始めたことも、この傾向を加速するかもしれない。特に、人々の心理面や常識（価値観）は今とは決定的に変わって、有限な環境の中で、将来に希望の持てる生活が前面に出ていよう。

このような生活をしていれば、本書の第１部で挙げた社会の危機は、かなり克服されて希望も見えているはずだ。とはいえ、このような社会がごく当たり前になるためには、政治的にも社会的にも、おそらくかなり大変な作業になり、混乱も紛争も経験すると思うが、乗り越えてみれば、なぜこんなことをもっと早くしなかったかと多くの人が思うようになるだろう。

それでは、環境文明社会の新常識ないしは原則とは何か。まずは次に掲げてみよう。

基本原則

- 産業革命以降、これまでの世代（特に20世紀後半以降）が豊かで便利・快適な社会の創造を夢中で追い求める過程で無意識のうちに積み上げてしまった環境負債の状況を、定量的、定性的に再確認し、その負債（ツケ）を遅くとも今世紀の末までには可能な限り解消し、元の健全な地球環境に修復させる責任があることを、多くの人々と良識ある経営者や政治家がしっかり認識していること。
- これから先の人間活動が何であれ、その活動がもたらす環境負荷は、環境容量の範囲の中に収める必要があることを、すべての組織（中央・地方政府、大・中・小の企業、市民団体等）が確約すること。そしてそれが、単なる口約束とならぬよう、憲法なり法令なり、会社や組織の定款などにきちんと書き込み、定期的に監査すること。
- 上記の2項目を前提に、社会の維持や前進を促すため、産業や人々の自由な発想や創意工夫を奨励する雰囲気が常に確保されていること。

共有すべき価値観（新しい常識）

- 人間が尊厳ある「生」を全うするのに必要で正当な「欲求」とそれを超えてがめつく求める「貪欲」とを峻別し、貪欲が結局は社会を安定させる上で決定的に害となるという感覚が、教育を通して一般化されていること。
- 公私を問わず、何事であれ、行為を判断し実施するに当たっては、常に子や孫など次世代への影響に配慮する責務があるとの認識が共有されていること。
- 日頃の生活や事業活動においては、何事によらず物質的には限界があることを深く認識し、足るを知り、シンプル（簡素）ライフを旨とすること。
- いつでも、どこでも、他の生き物との共存を重視すること。

政治

- これまでの政治は、グローバリゼーションと民主主義体制の中で、「自由競争」を是として、社会の発展を資本主義の流儀に則って推進してきたが、新しい社会では、中央でも地方でも、いかなる政策であれ、決定するにあたっては、中期（5～10年程度）及び長期（10年超）の時間軸の上で、必ず政策の効果をプラス面、マイナス面から評価し、それに耐えるものを議会が選択し、実施すること。国政においては、その評価を実施する専門的組織（内閣法制局に似たもの）を内閣に設置すること。
- 参議院の機能・人選方法を大幅に変更し、地域のほか、性別、専門、年齢等においてバランスある構成とするよう憲法等の改正を行うこと。
- 社会の持続可能性や環境の重要性を政治に反映させるため、女性の政治参加と女性議員の数を法制度により増やすこと。

経済

- 経済を駆動するためのエネルギー源は、化石燃料と原子力に代わり、各種の再生エネルギーに限ること（2050年までに実現）。
- 生産に供する原材料は、リサイクル材を使用することを優先し、消費は必要性を吟味した上で「省資源、省エネ」を旨とすること。また、新規の技術やシステムを社会に投入するに当たっては、環境面や社会面からのアセスメントをクリアしたものとすること。
- 経済規模の増大は目指さず、持続可能性を指標とし、マクロ、ミクロの経済活動を行うこと。なお、これまで広く学ばれてきた「経済学」が環境と社会の破壊をもたらした面があることを教訓に、日本の伝統社会の知恵を取り入れて「経済学」を再構築すること。
- 経済政策の立案、実施に当たっては、次世代を含む人々の間の公平・公正の実現を保証すること。

教育

- 学校教育を通して、我々が生活している空間は「有限」であり、多くの分野でその限界を超越していることを、手を変え品を変えて徹底して教えること。
- 何が（どんな思想が、どんな技術が、どんな産業形態が、など）20 世紀から 21 世紀にかけて地球の環境を破壊し、人類社会と地球の生態系におびただしい被害をもたらすことになったのかを、国際的にも国内的にも分析し、その結果について学校教育及び社会教育を通してわかりやすく全ての国民の理解を促すこと。
- 新しい生き方を導入すれば、人あるいは国の間の格差と紛争を減らし、人々に幸せをもたらす可能性が増加することを伝えること。そのため、特に女性及び若者の「社会参加」、「市民教育」や「政治教育」を充実させること。

ところで、この原則ないしは新しい常識となるはずのものを一読して、どうお感じになっただろうか。そんなものかと納得された方もいるとは思うが、多分、多くの人は「面白くもなく、堅苦しくて苦痛だ」、あるいは「環境は有限だ、限界だと繰り返されてうるさく、こんな社会に生きるのはまっぴらだ」などと拒否感が先立ってしまっているのではなかろうか。

私自身も、地球環境の状況がせいぜい1970年頃までのように逼迫しておらず、まだ余裕があるならば、こんなことは考えもしないし書きもしなかっただろう。しかし、1－2で述べたように、世界人口が80億人に近づきつつある地球の環境は、SOSを発信しているのだ。そして現実に様々な破壊現象が世界の各地で音を立てて、あるいは声もなく頻発しており、その害は私にも、あなたにも、いつ及んでもおかしくない状況にあるのだ。

今までは、こうしたことを、いくら力を込めて語っても、真剣に耳を傾けてくれる人は少なかった。多くは話半分どころか、「何言っているんだ。そんな危機がどこにあるのか。仮にあったとしても、科学技術が解決してくれる。危機だ、危機だと騒がないでほしい」に近い反応が多かった。もちろん、それでも語るのを止めなかったが……。

ところが、今は少し違う状況が出てきたのではないかと思い始めている。そのキッカケを作ったのは2020年の新型コロナウイルス感染症の爆発的な拡散だ。日本では4月に入って首相による緊急事態宣言を背景にした当局からの「要請」であれ、実態上、経済活動の大幅停止も人々が受け入れた。それを可能にした唯一の理由は、コロナウイルス感染の猛威をとにかく食い止め、重症患者や死者を最小限にとどめることであった。

では、我々が今怖れている環境の破局の場合はどうであろうか。被害は新型コロナの場合よりもはるかに深刻で、長期にわたり広範となる。しかし今回コロナの場合は感染拡散のスピードは極めて速く、数日、数週間、そしてせいぜい数カ月で被害の様相は激変した。それに対し、気候の危機、生物相の劣化、化学物質の害などは、コロナウイルスの場合とはまるで異なり、時間の単位は早くても数年、普通は数十年くらいの単位で変化するため、人間が感じる切迫感はまるで違う。しかし変化そのものは、生きる基盤を根こそぎ揺るがすことになり、取り返しがつかないことにもなる。もちろん環境の場合でも、異常気象による豪雨や大洪水、土砂崩れなどの現象は、数日単位の短時間で人間に重大な被害を与え得るが、その原因となる温暖化には、少なく見積もっても数十年にわたる温室効果ガスの蓄積が必要だし、生物種の減少も数十年単位の時間が要る。

このようなことを考えたら、およそ現状では考えにくい生活上の制約でも、受け入れざるを得なくなる時がすぐ近くまで押し寄せていると考えられないだろうか。そのような観点からもう一度、前述の原則類を見ていただくと、これまでの受け止め方とは違ったものとして見えてくるのではないだろうか。

そこで改めて、環境文明社会が成立するとしたら、現在の社会とは何がどう変わっているのかのイメージを、簡単な対照表で示しておこう。この表は、NPO法人環境文明21が2008年秋から3年かけて会員仲間や有識者と実施した調査研究プロジェクトの成果を下敷きにして、普及版として刊行した『生き残りへの選択－持続可能な環境文明社会の構築に向けて－』（環境と文明ブックレット8、2013年8月）の冒頭部分に掲げたもので、今日の時点で私が一部を修正したものである。

表3-4-1　現在と環境文明社会との違い

基本

	現在	環境文明社会
基本となる価値	経済の成長、効率、短期評価	有限、持続性、長期評価
人と人との関係	個人主義、競争、自己責任	絆、互助・利他、多様性への寛容
主要エネルギー	化石燃料＋原子力	再生可能エネルギーと省エネ
社会を動かすモチベーション	経済成長・経済効率	現世代と次世代の安定性・持続性 あらゆる差別の是正

枠組み

	現在	環境文明社会
教育	経済重視の価値観による 画一的な教育	人間性（道徳、倫理、芸術、哲学）重視 地球の環境・資源の有限性への認識 将来世代や途上国への責任感の育成
政治	一部の政官財主導 経済重視の政治 中央集権 国益の最優先	女性や将来世代の声も反映する民主政治 環境保全を主軸に据えた政治 地域重視 地球レベルでの公平性
経済	大量生産・消費・廃棄経済 過度に効率を重視した経済 行き過ぎたグローバルな自由市場経済	環境容量以内の経済活動 「経済学」の再構築 ローカル経済とグローバル経済の共存
技術	経済性重視の技術 偏った技術評価 情報の非対称性	適正・脱石油・脱核技術 技術アセスメントによる評価 技術者教育

暮らし

	現在	環境文明社会
食・農	食の産業化による効率性・利便性の重視 農業人口の減少・高齢化 外国産の農作物や水産物の多食 農地の商業的価値の重視（利権化）	食の安全・安定の確保と地方文化の重視 産業としての「食」による雇用の確立 「半農半X」による多様な「農」の確立 農地・林地の環境保全的価値の重視
住む	無秩序な開発 過度な密集で安全性が確保されないまち 利便性追求のまち	省エネと安全に配慮したまち 適度な集約度で真に効率的なまち 地域資源や文化を活用したまち
働く	失業者や非正規雇用の増大 企業に雇用される就労形態の偏重 格差の拡大	働く機会と場の保障 多様な働き方 NPOや社会的企業などでの雇用拡大
子育て	出生率の低下 親と社会の子育て力の衰退	安心して産み育てられる環境 生きる力を育てる子育て 親と社会が連携して子育てをする社会
移動する	利便性・効率（高速化）重視の交通網 移動のエネルギーは化石燃料 経済性重視の生産・流通	利用者の利便性と省エネ重視の交通網 移動のエネルギーは再エネとCO_2フリー水素 人と環境に優しい交通体系
消費	大量消費・大量廃棄 経済性重視の生産・流通	ムダのない適度な消費 グリーンな生産・流通
社会参加	軽い公共意識・弱い参加意識 役所任せ・人任せ	市民の高い公共意識・政治参加意識 NPOが活躍する市民社会
楽しむ	エネルギー多消費の娯楽 利便性・快適性の追求で乏しい環境配慮	電気力によらず自らが生み出す楽しみ 人と自然との繋がり 文化・伝統・芸術の効用と価値への認識

（認定NPO法人環境文明21）

第4部

急ぎ、何をすべきか

「環境文明」社会になっても表面的な姿は現在と大きく変わるわけではないが、その社会を動かす原則ないし常識は、やはり大きく異なる。ここでは、社会を変える際の大黒柱となる憲法、経済、技術、教育及び市民参加について、急ぎ、変えるべきであることを述べる。

4-1 憲法に「環境（持続性）原則」を導入

日本国憲法が施行されて今年（2020年）で73年余が経ったが、その間に改憲論議はいろいろな形で提起され、今日に至っている。初期の頃の、この憲法は「マッカーサー憲法だから駄目だ」という類いの議論から始まって、今では改憲論者の多くは第9条に的を絞っている。安倍晋三氏が2006年9月に初めて首相に就任すると、翌年5月に国民投票法を成立させ、同年8月には衆参両院に憲法審査会を設置した。その後、民主党（当時）政権が誕生し、東日本大震災が発生したことなどもあって、改正論議は国政の場からはほとんど消えたが、12年の暮れに第二次安倍内閣が発足すると、またしても憲法改正論議が表舞台に顔を出してきた。

2017年5月3日の憲法記念日に、安倍首相は改憲グループの集会にビデオメッセージを送り、その中で9条の第1項と第2項は変えずに自衛隊を明記するなどという改憲の方向性を示した。それとともに、この改正憲法をオリンピック開催（が予定されていた）の年である20年に施行したい意向を明らかにし、国会での改憲論議の進展を促した。その後、衆・参の国政選挙の度ごとに、与野党の中で多少の議論が起こっているのはご承知のとおりである。その中で、環境に関しては、プライバシー権などと並び、環境権を新しい人権として位置づけるべきだという議論は細々ながら続いていた。

私が日本の憲法に環境条項が全く欠落しているのを実感したのは、役所を辞めてしばらくした1996年のことである。役所時代はそれこそ「霞が関の掟」に自縛されていて、憲法を改正する必要性などは全く思い浮かばなかったが、自由人になって、ふと、我が国の憲法の中に環境対策に直接役立つ条項を探してみたが、全くない。冷静に考えてみれば、75年前に起草された憲法の中で環境について記載がないのは不思議ではない。当時の世界人口は約22億人。その時でも大気汚染などのローカルな公害問題はあったが、今日重要視している地球規模の温暖化も、生物多様性の喪失も、微細な化学物質による心身や生態系への深刻な影響も、オゾン層の破壊も、プラごみ汚染も、まるでなかったのだから。しかし、それから月日が経ち、世界の人口も経済活動量も激増して、化石燃料や資源も、そしてプラスチックを含む人工化学物質もふんだんに使うようになって、至る所で環境問題が深刻化したのに、日本の憲法には環境条項が未だにないだけでなく、このことを問題視し声を上げている識者は、私が知る限り、当時、環境庁長官も経験した衆議院議員の愛知和男氏だけだった。

愛知氏は、『This is 読売』1995年5月号の「四十八歳の憲法と政治の逃亡」と題する特集号に「私の憲法私案」を発表している。そこでは現行憲法の主なポイントについての改正案が提示されているが、その一つ「環境」については「国民の権利及び義務」のところで、次のような条文を提案している。

第●条（環境権）

一、何人も、良好な環境を享受する権利を有するとともに、われわれに続く世代にその権利を引き継いでいく義務を有する。

二、国は、良好な環境の維持、改善に努めなければならない。

そして愛知氏は、この条文案について、次のように説明している。

「環境権について、国民が等しく良好な環境を享受する権利を有するのは、いうまでもないことであるが、現在に生きている世代だけではなく、未来の世代もまた、同じ権利を有していることを強調しておきたい。この点については、一見、憲法で保障するほかの権利と環境権で異ならないようではあるが、良好な環境は一代で失われる危うさを持ったものであるから、環境権に関しては、現在の世代が未来の世代にそれを引き継ぐ義務があることを特に明記した」と。25年前の提案としては卓見である。

愛知氏とは独立して、私自身も考えた。そもそも憲法とはなんであろうか。法律学者は、憲法の機能やその法的意味について様々に議論している。私は法律の専門家でもないが、国民の一人として、憲法に「環境」がないのはおかしいと考え始めた。その思いを96年6月の当会会報『環境と文明』で「憲法に『環境』が見えない」と題して、憲法に環境条項を書き込むべきだと提案した。その際、私は、そもそも憲法とは「国民と国政にとって、最も基本的で重要な政策事項を規定したもので、他の法令で変更することのできない、国の最高法規」と理解していた。したがって、天皇制も、戦争の放棄も、国会も、みな憲法にふさわしい重要事項であることには何の異論もない。しかし、国民の生命と財産並びにそれを支えている生態系を将来にもわたって広範囲に支えている地球環境の保全が、憲法にふさわしい基本的で重要な政策事項であるはずなのに、それが明記されていないのはおかしいのではないか。そこが、私がこの問題に取り組んだ起点である。

そこで、このような問題意識を環境文明21の会員と共有し、憲法にあるべき改訂条文を提案することを目指して、会報を通じ会員に呼びかけ「憲法部会」を立ち上げた。2004年7月のことで、十数人の会員が参画し、毎月1回のペースで検討を重ねた。

毎回、いろいろな意見が熱く飛び交ったが、最も重要かつ画期的と思われる結論は、私が当初考えていた「環境権」の導入だけでは足りず、①現行憲法の前文に、持続可能な社会を構築する旨を書き込むこと、また②リオでの地球サミットで確立した予防原則や民間団体の政策形成プロセスへの参加の保障、そして③環境政策の優先性を盛り込むべきとの認識が出てきて、それらをまとめて「環境原則」とし、翌05年1月に公表した。

この後も憲法部会メンバーは、検討を重ねるだけでなく、国会議員の参加も得てシンポジウムを開催したり、外部有識者や法律専門家の意見も伺うなどして、数次にわたり微修正を重ね、2010年10月に第四次改正案を公表した。

この案を公表してから10年ほどの時間を経たが、この間に東日本大震災、そして民主党政権の崩壊と第二次安倍内閣の発足を受けて、アベノミクスなる経済成長戦略への期待が高まることに反比例して、世の中の環境への関心はしぼんでいった。地球の環境が地球温暖化による気候変動問題をはじめ、10年前と比較にならないほど悪化、深刻化しているにもかかわらず、日本の政治と国民の関心は、環境からはるかに離れたところで右往左往している。だからこそ私たちは、本当にこれでよいのかと良識ある国民に再び問うとともに、自然災害に苦しめられる地域社会の防災と生物多様性事項も追加した第五次案を、2019年9月に公表した。その際、私たちは次のように広く人々に呼びかけている。

「私たちが最初にこうした提案をしてから14年余が経ちましたが、国会においても、国民の間でも主要な関心は相変わらず足元の経済問題に集中しているといっても過言ではない状況が続いています。

一方、その間、温暖化や生物多様性の問題は深刻の度を増し、国連や各種サミットの場等では、その対応を国際政治の最重要課題として多くの国が真剣に取り組んでいます。特に2015年にほぼすべての国連加盟国は、2030年に向けて貧困、健康、水、エネルギーなどの改善を求めたSDGsを採択し、また同年12月には新たな気候変動対策である『パリ協定』に合意しましたが、その円滑な実施のための新しい社会の構築は、我が国にとっても極めて重要な政策課題となっています。

私たちは、このような動きが示す環境問題の重要性、緊急性に鑑み、社会の持続性を確保するための『環境原則』を憲法に追加するよう、国会で速やかに審議されますことを、再度要請します」

図J　持続可能な社会

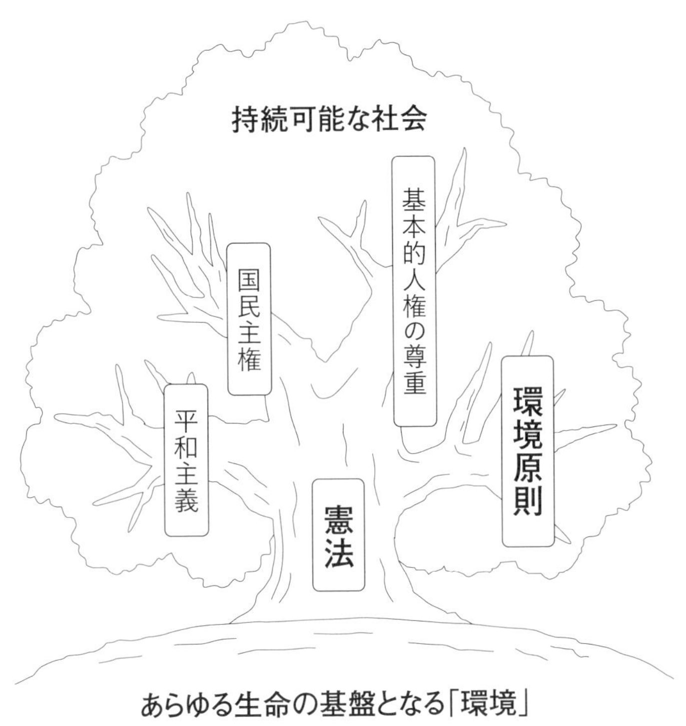

出典：環境文明21 日本国憲法に「環境原則」を追加する提案 より

私たちの提案

前文

日本国民は、正当に選挙された国会における代表者を通じて行動し、われらとわれらの子孫のために、諸国民との協和による成果と、わが国全土にわたつて自由のもたらす恵沢を確保し、政府の行為によつて再び戦争の惨禍が起ることのないやうにすることを決意し、ここに主権が国民に存することを宣言し、この憲法を確定する。そもそも国政は、国民の厳粛な信託によるものであつて、その権威は国民に由来し、その権力は国民の代表者がこれを行使し、その福利は国民がこれを享受する。これは人類普遍の原理であり、この憲法は、かかる原理に基くものである。われらは、これに反する一切の憲法、法令及び詔勅を排除する。

日本国民は、恒久の平和**と健全で恵み豊かな環境**を念願し、人間相互の関係を支配する崇高な理想**と環境の保全に対する責任**を深く自覚するのであつて、平和を愛する諸国民の公正と信義に信頼して、われら**と将来世代**の安全と生存を保持しようと決意した。われらは、平和を維持し、専制と隷従、圧迫と偏狭を地上から永遠に除去しようと努めてゐる国際社会において、名誉ある地位を占めたいと思ふ。われらは、全世界の国民が、ひとしく恐怖と欠乏**そして環境の破壊**から免かれ、平和のうちに**持続可能な社会**に生存する権利**とそれを維持する責務**を有することを確認する。

われらは、いづれの国家も、自国のことのみに専念して他国を無視してはならないのであつて、政治道徳の法則は、普遍的なものであり、この法則に従ふことは、自国の主権を維持し、他国と対等関係に立たうとする各国の責務であると信ずる。

日本国民は、国家の名誉にかけ、全力をあげてこの崇高な理想と目的を達成することを誓ふ。

注）原文を変えず、提案を太字で追加。
注）環境とは、「あらゆる生命の基盤」を意味する。

第三章　環境

三の一条（権利と責務）

何人も、地球の営みによって形成された、生命の基盤である健全で恵み豊かな環境を享受する権利を有するとともに、この環境を保全し、且つ将来世代に継承する責務を有する。

三の二条（国の責務と国民の参画）

国は、いかなる政策を立案、実施する場合にあっても、環境の保全を優先し、人と環境が調和した持続可能な社会の構築を目指すとともに、その過程において、国民の学びと参画を保障しなければならない。

三の三条（予防原則）

国は、科学的知見に不確実性があったとしても、人の健康または生態系に重大な影響をおよぼす恐れがある行為及び科学の技術的応用に対しては、未然に防止することを基本とする予防原則を遵守しなければならない。

三の四条（地域社会の安定）

国及び地方公共団体は、自然災害への防備のために、地域社会と協働して、国土の保全、管理を行い、生物多様性を豊かに回復するように努めなければならない。

三の五条（国際協力）

国は、地球規模の環境保全が人間共通の課題であることに鑑み、持続可能な社会の構築に関する国際協力を積極的に推進しなければならない。

注）「第三章　環境」は、現行憲法の第二章「戦争の放棄」と第三章「国民の権利及び義務」との間に、新たに挿入することを提案するものである。

ご覧のとおり、私たちの提案は平明であり、条文ごとの解説は不要と思われるが、提案のポイントを説明しておきたい。

そのポイントは、①日本国憲法は、国民主権、基本的人権の尊重、そして平和主義という三つの主柱で構成されていると説明されるが、私たちの提案は、図Jが示すように、これにもう一本の「環境（持続性）原則」を加えて四本の主柱としていること、②前文に、現在及び将来のために「持続可能な社会」をつくる旨、加えていること、③1992年のリオ宣言など国際社会で確立している「予防原則」や「市民の政策決定や執行に参加する権利」などを導入したこと、そして④従来、解釈や運用にあたって議論の多い「公共の福祉」については、持続可能な社会の建設や維持という観点からの解釈を提案していること、の四つである。以下、おのおのについて簡潔に説明する。

まず①に関しては、人からよく「憲法に環境（持続性）原則」が入ることで具体的に何が変わるのかよくわからないとの批判を受けることがある。それに対しては、国の方向性が、国連総会でも採択されているSDGsに沿った持続可能な発展の追求に向けていることが憲法上でも明確になるとともに、環境保全の重要性が法制上も明確に位置づけられ、その結果、国政における環境保全のプライオリティが上がり、経済偏重から、環境を含むバランスのとれた持続可能な社会経済システムの構築へと政策の方向性が変わることが期待できる、と答えている。例えば、気候変動対策と整合性のとれたエネルギー政策の確保、環境と経済のバランスがとれた税制改革の進展、外交面での環境リーダーシップの発揮、環境保護に関する訴訟手続きの容易さ、さらに従来の安全保障概念の拡大などが可能になる。なお、環境の重要性については、第3部の3－3で詳しく記述している。

②については、この憲法が書かれた時代では、人口も経済規模も今日から比べると誠に小さく、人間活動の結果、地球の環境容量を突破して人類社会の持続性、継続性が危ぶまれる状況ではなかった。したがっ

て、憲法に「持続可能性」の概念を書き込む必要がなかったが、1980年代以降、この懸念が国際社会で浮上し、種々の議論を経て、92年6月に開催された「地球サミット」では中心的なテーマとなった。それ以降、国内的にも国際的にも、常にこの「持続可能性」を担保することが一大課題となり、2015年の国連持続可能な開発サミットにおいては、2030年を目途に、人類社会全体の持続可能性を達成するための17分野の目標及び政策の方向性が採択されるに至っている。私たちの提案は、そのコンセプトを憲法の前文に書き加えるもの。

③リオ宣言では、持続可能な社会を実現するのに必要な法制上の原則がいくつも書き込まれているが、私たちは、そのうち「予防原則」と「市民の参加原則」に注目し、これを提案に入れた。

予防原則は、リオ宣言の第15原則として次のように書かれている。「環境を保護するため、予防的方策は、各国により、その能力に応じて広く適用されなければならない。深刻な、あるいは不可逆的な被害の恐れがある場合には、完全な科学的確実性の欠如が、環境悪化を防止するための費用対効果の大きい対策を延期する理由として使われてはならない」

私たちの提案は、この第15原則を基礎としつつも、現在の私たちの関心事（気候の危機、生物の大絶滅、人工的な化学物質による人の健康や生態系への悪影響などなど）を未然に防止するための法的根拠を憲法の中に確立することを期したものである。

また市民等の「参加する権利」については、リオ宣言の第10原則として明確に規定しているが、これについては、本文4－5「『片肺政治』を改める」においても詳しく述べているので、ここでは触れない。

④の「公共の福祉」概念の明確化については、かねてより憲法学者や法学者、さらに改憲派の国会議員を中心に長いこと議論されているが、未だに統一された明確な見解はないとのこと。私は法律家でもないが、持続可能な社会（私たちの言葉では「持続可能な環境文明社会」）をつくる必

然性や緊迫性を痛感しているものとして、次のように考えている。

憲法第12条においては、「この憲法が国民に保障する自由及び権利は、国民の不断の努力によって、これを保持しなければならない。又、国民は、これを濫用してはならないのであって、常に公共の福祉のためにこれを利用する責任を負ふ」と定めている。また第13条においては、「すべて国民は、個人として尊重される。生命、自由及び幸福追求に対する国民の権利については、公共の福祉に反しない限り、立法その他の国政の上で、最大の尊重を必要とする」としている。

このように国民の自由及び権利を制約しうる重要な概念として「公共の福祉」が位置づけられているが、5年に及ぶ、衆、参両院の憲法調査会の議論においても「公共の福祉」の概念は不明瞭であり、わかりにくいとして、言葉の置き換え（例えば、「公益」あるいは「公の秩序」）、解釈・適用の明確化などの意見が出されたと報告されている。

私たちは、持続可能な社会を確保するために、現行憲法に「環境（持続性）原則」を導入することを提案しているが、「公共の福祉」についても、従来の「全ての人の幸福」という曖昧な解釈ではなく、その対象範囲を時間的には次世代まで広げること、担い手については行政のみならず、国民、市民団体や企業等事業体も含むことを前提とし、持続可能な社会を構築し維持することこそが「全ての人の幸福につながるもの」であり、「公共の秩序が保たれた状況である」と考える。こうしたことから、「公共の福祉」概念の中心に「持続可能な社会の創造と維持」を据えることを解釈の上で明確にすることを求めている。

憲法改正などにエネルギーをかけるよりも、実質的な法律をつくり対策をやった方がよほどましだという意見は、昔も今もある。実体的な対策はもちろん重要だ。しかし同時に、国の最も基本となる指針ともいうべき憲法の中に「環境」をきちんと位置づけなくてよいのか、「環境」とはその程度のものなのかなど、憲法に環境原則導入の是非を巡る議論の中で、国民一人ひとりに真剣に考えてもらいたいのだ。それは現世代のみでなく、世界と日本に生きる将来世代のためにも、である。

これに似た議論で時々聞かれるものに、「環境分野には基本法が三つもある。環境基本法（1993年）、循環型社会形成推進基本法（2000年）、生物多様性基本法（2008年）がそれだ。こんなに基本法があるのだから、憲法にわざわざ書き込むエネルギーを消費する必要はないのではないか」との議論だ。

基本法と名がつけば、その分野での各法律や政策の調整には役に立つ。しかし分野が異なる、例えば「環境」vs「エネルギー」の間の調整には役立たない。エネルギーにもエネルギー政策基本法（2002年）があるからだ。よい例が、「パリ協定」を受けて、CO_2等の温室効果ガスに関する日本の削減目標を国連に提出する際には、まず経済成長率の確保を図りつつエネルギーミックス（石油、石炭、LNG、原子力、再生可能エネルギーの配分）を定め、その上で、ほぼ自動的にCO_2の排出削減量を決めるという方式をこれまで安倍内閣は固守している。いくら環境基本法があっても、「環境」＞「エネルギー」とはならず、経済最優先の政権にあっては、「環境」＜「エネルギー」となっている。政治の現実は誠にあからさまの状況だ。だから期待の大きい小泉進次郎環境大臣がいくら挑戦しても、その壁はなかなか崩せなかった。もし憲法に私たちが提案しているような条項があれば、一内閣の経済重視のプライオリティに環境政策が屈伏しないはずだ。

もう一つの注目点は、憲法に「環境条項を！」といって広く社会に向けて活動している環境NPOは今のところ環境文明21しかない、ということだ。普通に考えれば、他の環境団体も一緒になって立ち上がりそうだが、そうなっていないのが現在の日本の環境団体の一つの特徴ないしは限界だと私は思っている。なぜなのか。多分、日本の多くの環境団体は平和愛好団体で、「護憲」の立場と思われる。憲法に環境を書き込むのは結構なことと思いつつも、それを言うと「護憲」でなく「改憲」になってしまう。日本では、「改憲」＝「9条改正」との見方が一般的なので、たとえ環境条項であれ、改憲を言い出すことは、必然的に「9

条改正」問題に繋がってしまうことを恐れているのでは、と私は想像している。だから、私たちが10年以上も前から公表し、少人数とはいえ国会議員なども交えてシンポジウムなどを何度も開催しているのに、私たちの提案に対し、環境分野の他のNPOなどから賛成も反対も修正意見も全くなく、いわば無視され続けている状態だ。

平和はもちろん重要である。その意味では私たちも平和主義者だ。しかしその平和を破るのは軍事だけではなく、気候の危機が引き起こす甚大な気象災害、さらに環境の劣化がもたらす食や水の供給不安定化も人の生命を脅かし、平和を崩しているのだ。だから私たちは、この重要性を主張し続けている。本書をお読みの皆さまの中で、納得できる方がいらしたら、私たちと一緒に頑張って下さることを期待する。

最後に、世界では環境に関する何らかの規定を置いている国は、環境省によると少なくとも23カ国（アジアでは中国、インド、韓国など6カ国、ヨーロッパではフランス、ドイツ、イタリア、ロシアなど15カ国、そして中南米のメキシコ、ブラジルの2カ国）あるという。このうち、私はフランスが2005年にフランス共和国憲法に追加した「環境憲章」が最も包括的であると考えている。

この環境憲章は、下記の前文に続いて、環境権、保護・改善義務、損害防止義務、賠償義務、予防原則、持続可能発展の促進、情報及び参加の権利、環境教育、研究・新機軸の協力、そして欧州及び国際社会におけるフランスの行動の全10条からなる。

環境憲章の前文

フランス人民は、

自然界の資源と均衡が人類の出現を条件づけたことを考慮し、

人類の未来と存続そのものが人類を取り巻く自然環境と不可分であることを考慮し、

環境が人類共通の財産であることを考慮し、

人間が生命存続の条件と生命自身の進化に対する影響力を増大させていることを考慮し、

生物の多様性、人間の開花および人間社会の進歩が、一定の消費様式または生産様式により、また、天然資源の過度の開発により影響を受けることを考慮し、

環境の保護が国の他の基本的利益と同様に追求されなければならないことを考慮し、

持続可能な発展を確保するため、現在の欲求に応えるための選択が、将来の世代及び他の民族が有している自己の欲求を充足する能力を侵してはならないことを考慮し、

宣言する。

4-2 経済のグリーン化

憲法の改正も大仕事だが、経済全般のグリーン化もまた大仕事だ。何が大仕事かといえば、まず何よりも、多くの国民に、なぜ経済を「グリーン化」しなければならないかを理解してもらい、そして支持してもらう必要があるからだ。今の経済で結構ではないか、何が悪いのかと思っている人も少なくないと思われるので、これは簡単ではない。

次に、経済のグリーン化とは、具体的には何をどう変えるかということも納得してもらう必要がある。そこまで行けば、後は項目とタイムテーブルを定め、必要な法制、税制等の改正、新規立法等の政治プロセスを推し進めていけばよい。

まず「経済のグリーン化の必要性」をできるだけ多くの人に理解してもらうためには、例えば①これまでの経済では何が悪いのか、何が問題なのかをしっかりと納得してもらい、それと同時に、②経済をグリーン化すれば本当に環境問題（気候危機、生物多様性の喪失など）が解決し、持続可能な社会に到達できるのか、といった問いに明確に答えなくてはならない。

上記①の「これまでの経済では何が悪いのか」について考えてみよう。もし私が環境問題とはまるで関係ない人生を送ってきたとすると、今日の経済についてあれやこれやの不満はあったとしても、現在の経済を大転換して「グリーン経済」にしなければなどと思い定めることはなかっただろう。なぜなら、私が生まれた時は、日本の社会も我が家も、今と比べれば明らかに貧しく不便だったのが、多少の紆余曲折を経ながらも、経済の成長とともに豊かになり、快適になり、生活が楽になったのは確かだからだ。もちろん、私と同じ時代を生きた他の人々といえども、私とは違った経済生活を送り、今日の経済についての思いも肯定的なものから否定的なものまで様々に異なるだろう。

しかし、今の経済を転換するしかないと考える理由は、貧困、格差などいくつもあるが、私にとっての最大の理由は、世界の経済規模が拡大し過ぎて有限な地球環境の中に収まりきれなくなってしまい、環境の破壊や劣化は限界を超えつつあるという一事である。

上記②の問題は、ある意味で簡単だ。なぜなら私たちは、環境問題を解決し持続可能な社会を創り出す経済を「グリーン経済」と定義しているからだ。

現在、我々が「経済」というカテゴリーで当たり前と考え、日々実行している活動は、18世紀の中葉頃から英国で開始した産業革命の延長上にあるもので、その後2世紀余を過ぎた今日では世界中で採用されている生産と消費の方式であり、市場経済を前提として自由に参加する個人、企業、政府等が支える資本主義体制である。

今日におけるその主な特徴を環境専門家の眼で挙げると、次のようになる。

- 生産、消費を駆動させる一次エネルギー源の8～9割は化石燃料が使用され（残りは水力、原子力、風力、太陽光、地熱など）、生産、消費活動量の増加とともに、各種資源と化石燃料の使用量は急速に増加し、それが多様で巨大な環境問題（大気汚染、海洋汚染、酸性雨、生物への打撃、地球の大気や海洋の温暖化、海水の酸性化、海面上昇、人工化学物質の健康や生物への悪影響、大量のプラスチックごみ等々）をつくり出した。21世紀になると、地球環境の限界を超えた不安定な現象が年を追って顕著になっている。
- 生産、消費の形態は、科学・技術の革新に著しく依存している。つまり市場における競争とその結果としての勝負の行方は、ほとんど科学・技術力の優劣による。その結果、過剰なまでの「競争」やそのための人材養成が常態化している。
- IT関連技術の革新、貿易・金融の自由化拡大、交通機関や物流の高速化等により、ヒト・モノ・カネが世界中を自由に移動するグローバル資本主義経済が出現。生産のためのサプライチェーンが国をまたがって形成され、競争力の強いビジネスがますます富み、ローカルビジネスの衰退が顕著である（2020年のコロナ禍においては、突然、人の移動が制限され、サプライチェーンも寸断され、生産・消費の流れが大混乱に陥った）。

ここで問題は、資本主義においてなぜ経済は規模拡大（成長）を追求するのかである。この点については、心ある経済の専門家たちは様々に説明しているが、私が長いこと注目して学んできた京都大学の佐伯啓思教授は、『経済成長主義への訣別』（新潮選書、2017年5月）において、「資本主義とは、将来へ向けて経済を拡張してゆく活動である。そのためには、手元に資本が必要で、それは借金によるほかない。借金は将来の収益によって返済される。将来に向けて収益が得られると期待できれば、企業は借金をするから、当然、利子がつく。借金つまり負債を動力にして成長するのが資本主義の本質なのである」と明言している。

さらにその「経済成長」が、日本を含むあらゆる国の経済政策の「進歩」の指標となったことについて、佐伯教授は同書において、「かくて経済成長は社会進歩のもっともわかりやすい指標におさまった。富が少ないよりも多い方がよいと無条件に信じることができれば、経済成長が『進歩』であることは論をまたない。こういう了解ができたのである」と述べている。なお、教授はこの「了解」のあり方に関して、「成長主義とはひとつの明確なイデオロギーというより、輪郭のはっきりしない共有された感情であり気分といった方がよい」と述べている。

佐伯教授は、多数の著作の中で同趣旨のことを主張しつづけているが、もう一人の経済学者で「定常型社会」への転換を早くから主張している広井良典千葉大学助教授（当時）は著書『定常型社会－新しい「豊かさ」の構想』（岩波新書、2001年6月）の中で、日本の資本主義社会の下で「経済成長」がどのように受け止められていたかを、次のように説明している。

「『成長』あるいは物質的な富の拡大ということがすべての究極的な目標となり、企業や官庁などを含む経済システムも、学校や家族を含む社会のあらゆる制度も、そして人々の価値観そのものも、『成長』という目標に向けて強力に『編成』され、また現にその目標を実現し続けることができたから（つまり消費を『拡大』し続けることができたから）、『すべての問題は経済成長が解決してくれる』と考えて間違いない、という時代が50年前後にわたって続いたのである」

いろいろと引用が続いたが、ポイントは、今、旧共産主義国や社会主義国も含め、世界中が依拠している経済システムは、農本主義でも重商主義でもなく資本主義であり、しかも冷戦後の1990年代以降にはヒト・モノ・カネが自由に行き交うグローバル資本主義となり、その本質はとどまることのない成長を「進歩」と捉える経済運営であることだ。その資本主義は、今多くの面で批判的に検討されており、現に、ステークホルダー資本主義、さらには公益資本主義、進歩（プログレッシブ）資本主義などの名で、行き詰まりつつある資本主義の変革を求める議論は活発だ。しかし資本主義そのものの本質にきざす「拡大・成長」志向そのものは不変ではなかろうか。「拡大・成長」そのものが悪いわけではないが、地球環境の限界を突き破り、様々な害悪が顕著になった今では、環境負荷の増加を伴う拡大・成長を必然的にもたらすこの経済方式を「グリーン経済」に改める必要があるというのが私たち「環境文明21」の主張だ。

こう言うと、今の経済は、数世紀に及ぶ人間社会の近代化の努力の末に辿り着いたものであり、豊かになりたい、便利で快適な生活をしたいという人間のまっとうな欲求に根ざしたものであるだけに、そんな転換などできるはずがないと否定する人は多い。しかし、私はそうは思わない。一つは、今回のコロナ禍のような危機と同じく、環境の破壊による危機（甚大な被害をもたらす気象災害やそれに伴う食料の広範な不作など）を前にしたら、平時ならとてもできないこともせざるを得なくなること。もう一つは、近代日本の歴史が、経済社会のシステム的大転換があり得たことを明瞭に示しているからだ。

よく知られているように、江戸時代に人々は髷を結い、身分は士農工商に分かれ、国内に300ほどあった藩を中心とする地方分権にほとんど縛られ、海外との交流はごく限定された鎖国状況にあった。そんな日本に、強力な軍事力と工業文明力を持った黒船が強い意志を持ってアメリカから現れれば、たった15年（といっても内戦やら血なまぐさい駆け引きもあったが）ほどで、250年間も続いた幕藩体制の徳川政権は、西洋流文明を導入して日本の維新を決意した明治政権と見事に交代し、暮らしも経済の中身も短期間に一変した史実を我々は知っているからである。つまり必要があり、条件が熟せば、我々は変われるのだ。明治維新の時も少数のエリートはもちろんいたが、多くの草莽の人々（今の言葉で言えば普通の市民やNPOなど）が変化の必要性を理解し、支持し、参加したからこそ、この変化が可能だった。

というわけで、私は経済のグリーン化は必然であると考えるが、特に重要と思われる次の8項目について、グリーン化の方向をごく簡明に書き留めておきたい。

①エネルギー源の脱炭素化

発電は風力、太陽光、地熱、バイオマス、波力・潮力などの再生可能エネルギーで2040年代を目途に100％（化石燃料、原子力は逐次停止）。工場等のボイラー、家庭・事務所の熱源は2045年を目途にCO_2フリーのもの（H_2ガス、メタンガス等）に転換。転換が極めて困難なものについては植林などでオフセット。

②農林水産業の強化とグリーン化

気候異変、世界人口の増加を考えると、日本の食料自給率を、2040年を目途に現在の40％足らずから、せめて60％に増加。そのためには地産地消（植物工場を含め）の促進。産業・生業・趣味など多様な農業の推進（半農半Xなど）。市民農園・都市農業・ソーシャルファームなど多様な農林業の担い手の発掘。漁業についても同様。一方、これまでの農林業は化石燃料、化学肥料、農薬の多量投入により決してグリーンではなかったので、CO_2 フリー燃料の使用、有機農業の推進で100%グリーン化を目指す。

③ 生物の保護

数十年以内に100万種の動植物が絶滅する可能性が宣告された。まさに死刑宣告のようだ。これを回避するためには、土地・水面の改変を止める（特に森林の保護と増加）必要がある。農薬・化学肥料の過剰投入のチェック、都市内緑化の推進など。これらは気候異変にも効果があり、生物の保護にも繋がる。

④消費の適正化

先進国では過剰な消費が常に問題視された（食品ロス問題はその典型）。2020年のコロナウイルス感染症のパンデミック騒ぎの時には、多くの国で「不要不急の外出自粛（または禁止）」の措置が取られ、それなりの効果を上げたが、環境の危機に際しても「不要不急の消費自粛」が重要だ。消費がある程度縮小すれば、生産も流通も廃棄も縮小され、これにより環境負荷が確実に低減する。経済規模もある程度下がるが、コロナ禍の時もそうであったように、破局回避のためには受忍すべきであろう。ただし、そのためには低減する消費の影響を受ける企業の痛みを軽減する措置も必要。

⑤交通機関（航空機、鉄道、自動車、船舶等）のグリーン化

日本において、交通機関からの CO_2 排出は、2018年度には、全体の18.5%を占めており、社会のグリーン化にとっても大きな課題だ。航空機以下の交通機関の燃料はほとんど油であるだけに、これらを CO_2 フリーのバイオ系に切り替えるのには、規制・税・技術開発への助成だけでなく、需要制限など時限を定めて強力に進めるほかない。既に船舶では風力、太陽光、波力などを取り入れようとの技術開発、また航空機ではバイオ燃料や電気と油のハイブリッド機、さらには太陽光だけでの飛行など試みはあるが、航空需要の大

きさやスピード競争の熾烈さなどを考えるとかなり困難だ。技術開発を本気で進める一方で、交通機関利用の需要抑制（料金、税、CO_2排出量の総量規制など）を早急に検討すべきだろう。

⑥ローカル経済の推進

1990年以降、ヒト・モノ・カネの移動の自由が急速に進み、文字通りグローバル化した経済社会が出現したが、その実態を明瞭に示したのが2020年のコロナ騒ぎによるサプライチェーンの寸断だろう。これにより世界の経済がグローバルネットワークに組み込まれ、その網がどこかでショートすると、世界の経済に大きく影響することをまざまざと見せつけられた。

この問題が出る前から、グローバル経済により、国内でも国家間でも賃金などの格差が拡大することが知られ、問題となっていた。多くの企業家は原材料だけでなく人件費も少しでも安いところで生産しようとするからだ。この他に、他国企業の自国への遠慮会釈もない進出（そして退出も）により、その国や地域が大切にしてきた自然環境、生活習慣、伝統文化、地域の言語や祭礼など、根こそぎ破壊される事例も多数見られるようになり、反グローバリゼーション運動も各地で発生している。このように深刻な問題を緩和するためには、グローバリゼーションの悪弊を見つめ、ローカル経済を強くするしかない。そのためには、国際機関において制度面の検討を進める一方で、各国ともいかにして地方の力（人口、経済、文化、芸術など）を強化するか、これまで以上に注力する必要がある。この関連でもテレワークや「半農半X」的生活形態の有効性が見直され、ローカル生活に多くの人が目を向けるようになることを期待したい。

⑦税制・金融等による誘導

①〜⑥とこれまで述べてきたような対策を取ろうと思うと、CO_2の排出規制なども考えられ、実際、実施されている事例もたくさんあるが、税（気候異変対策としては炭素税）による経済的誘導策も不可

欠だ。日本では、経済産業省と一部エネルギー多消費業界の執拗な反対によって、20年以上かかっても実現していないが（東京都は実施）、多くの国では実施され、効果を挙げている。

税に加え、近年、金融機関による政策誘導策の活用が目立ってきた。2015年の国連におけるSDGs採択以降、金融機関のESG投資[1]や気候変動分野でのTCFD情報[2]開示の内容を見極めての投資方式が一般化するにつれ、金融手段によって企業等の事業行動を左右する動きが強まっている。欧米では、このようなやり方は少なくとも20年ほど前から実施されてきたが、日本を含むアジアの国でも、やっとその動きが強くなり、経済のグリーン化には大きな力となりつつある。典型例としては、日本の大手銀行が石炭火力発電への投融資を控える最近の動きなどである。

⑧スポーツ、娯楽、観光などのグリーン化

「環境文明」社会であろうとなかろうと、スポーツ、娯楽、観光などは、人間の楽しみや心身の健康のためには不可欠だ。多くの人がお金と時間を惜しまず、これを楽しんでいるのは極めて健全なことだ。私も都会に住んでいるので、時折、スポーツ・ジムに通っている。ただ気になるのが、この楽しみのために、かなりエネルギー（主として電力）を使っていることだ。

バブル時代のことだが、千葉県の幕張付近で、塔のような高い支柱を立て、その上に大きな鉄の箱を据え付け、何とその中を天空の人工スキー場として、真夏のテンテン照りでも首都圏のスキー愛好者を呼び込むという奇観があった。見るごとに、その構造の不安定さもさることながら、電気エネルギーがどのくらいかかるかを、他人事ながら心配したが、数年にしてその事業は終了し、支柱も巨大な鉄の箱もいつの間にか姿を消した。もう一つ記憶に残る例は、九

1 従来の財務情報だけでなく、環境（Environment）・社会（Social）・ガバナンス（Governance）要素も考慮した投資
2「気候関連財務情報開示タスクフォース（Task Force on Climate-related Financial Disclosures）」

州のあるリゾートホテル。昼間だというのに、フロントの照明と天井のシャンデリアは明々と灯っている。支配人になぜかと問うと、「このホテルのコンセプトはゴージャス。だから真昼間でも照明類は点灯する」との答え。またこのホテルは海岸近くに立地しているのに、大きな室内プールには人工波を作る施設があり、「この電気代はとてもかかる」とのこと。バブルがはじけると、このホテルは倒産した。

ややや極端な事例だが、人間にとって必要なスポーツや楽しみにはできるだけ人工的なエネルギーは使用せず、自然の風や水そして太陽光や星のまたたきなどを楽しめれば、と私は思ってしまう。近年、インバウンドといわれる外国人観光客が増加しているが、日本の自然の美しさとともに、街の中に点在する神社仏閣の静けさや奥ゆかしさなど、日本文化の懐の深さに魅せられるようになったからではないかと想像している。これこそが、余分のエネルギーを消費せず、動植物も害さない、スポーツや楽しみのグリーン化そのものと思える。

4-3 技術のグリーン化

善かれ悪しかれ、今日の世界の経済社会のあり様を作った大半の功績は、科学技術の進歩に帰せられると私は考えている。「功」とは人間が生きる物的状況、すなわち経済面での豊かさ、便利さ、快適さが著しくかつ急速に向上したことである。しかし同時に、今日の経済社会が、人と生態系にもたらしてしまった環境問題をはじめとする数々の困難というより、もしかすると致命傷になるかもしれない事態を生じさせてしまった責任も、科学技術の進歩の中にしっかりと認識する必要があると考えている。

私自身が関わった科学技術との接点を身の回りのことで思い起こしてみよう。第二次世界大戦の勃発直後の1939年11月に私は東京の下町で生まれた。その頃は、父は個人営業のハイヤー業を営んでいたが、今日の水準で見れば家は誠に狭く、風呂は公衆浴場、調理はかまどや竈(へっつい)、ラジオが一つあったが、電話（固定）もなく、家の中は子どもたちと仕事や郷里関係の人でいつも混み合っていた。戦争さえなければ、和気あいあいとそれなりに幸せに暮らしていたはずだが、東京下町にも空襲の恐れが出て、まず父の郷里である会津の寒村に、次いで父の仕事の関係で茨城県の穏やかな町であった古河に引っ越し、そこで中学3年になるまで10年間暮らした。中学生になると、台所の唯一のエネルギー源である薪炭の世話は私の仕事となり、薪割り、炭切りの感覚は、80歳になった今でも忘れない。

1950年以降になると、子ども心にも生活は少しずつ楽になり、食料事情も改善し、いつの間にか石油コンロが入ってきて薪炭の出番は減った。こんなところにも「エネルギー革命」の恩恵は届いたのだ。1954年に父の転勤に伴い今の横浜市鶴見区に移住した後には、当時ほとんどの家庭で起こった生活革命、すなわちテレビ、電話、内風呂、冷蔵庫、電気洗濯機、ガス暖房、空調、等々（あとは書き切れない）が、世間一般とはわずかに遅れたが、我が家にも入ってきた。その後、大学と大学院とで今で言う環境工学を学び、1966年以降は公務員となり、その仕事にはコピー機（最初は「青焼き」その後は「複写機」）、出張には新幹線や飛行機も使えるようになるなど、急速に便利になった。しばらくするとワープロを各人が使用し始め、私が役所を辞める頃になるとパソコンを職場で使う人がポチポチ出てきていた。今で言う「IT革命」のはしりだが、退官後には、携帯（ガラケー）、ノートパソコンなどが一般化し、今ではスマホは小学生でも手にするようになり、大人は、ロボットだAIだと期待をかけている。

こんな、ごく平凡な私の身辺話を長々と書いたのも、この技術利用の大変化が、わずか80年のこれまでの私の人生の中で起こったという超スピードと、それが引き起こした社会での負の作用、そして、その大変化を可能にした科学技術の責任にも気づいてほしいからである。

ところで、これまで本書で私はほとんど「科学技術」と4文字で表現してきた。この言葉は、出自を全く異にする「科学」と「技術」を結びつけた合成語であることは言うまでもない。改めて、この点を簡単に説明しておきたい。

「科学」は、古代からの人間の知的営為の中から出てきた学問だ。『科学の発見』（赤松洋子訳、文藝春秋、2016年）の著者で、ノーベル物理学賞受賞のワインバーグ・テキサス大学教授によると、紀元前6世紀以前から、ギリシャ人が「世界を形作る基本的物質とは何か」について問いを立て、思索し始めたあたりに科学の源流があるという。この設問に対し、「世界を形作る基本的物質は単一の元素ではなく、水、空気、土、火の四つの元素からできている」などと答えたギリシャ人がいたという。この問答を見ると、古代ギリシャで始まった「科学」は、今日の我々の観念する科学と異なり、まさに自然哲学とも呼べるものだったようだ（それにしても大昔のギリシャ人はよくもこんな問いを発し、それを巡って哲人たちが論争したものだ。この頃日本はまだ弥生時代だ）。

時代がぐっと下って、「科学」が今日の科学に近くなるには、16～

17 世紀に活躍したコペルニクス、ケプラー、ガリレオ、ニュートンといった、我々にも馴染みのある天才たちによる「科学革命」を待つ必要がある。ここでようやく、理論と実証との結びつきが科学の要件になる。この実証のためには実験や測定が不可欠となり、そのためには、例えば天体の観測のための望遠鏡や微かな生き物を見るための顕微鏡などの道具の製作技術が必要となる。ここで「科学」と「技術（テクノロジー）」の連携がやっと始まる。前出のワインバーグ教授は『科学の発見』の中で次のように述べている。

「科学とテクノロジーとは相互に役立っているが、その最も基本的なレベルにおいて科学はいかなる実用とも無縁である。……科学の目標は、自然現象を純粋に自然現象として説明することである。……古代や中世の科学者たちには、こうした認識は無縁だった。これらはすべて、16 〜 17 世紀の科学革命の時代に多大の労苦の末に獲得されたものである」と。

ここで科学に比べるとはるかに古くから人が身につけていた「技術」についてもごく簡単に触れておこう。現代人の先祖は二足歩行を始め、石器や鉄器、弓や矢の製造など、人間が生きるために必要な技術を獲得し、磨いていたに違いない。やがてホモサピエンスの時代になると農耕に必要な技術が進歩し、古代エジプト文明や中国文明の時代になればピラミッドや大神殿の建造、また土木工事などにも人力で可能な技術を身につけた技能者集団も現れたことだろう。

その「技術」は 17 世紀頃に「科学」と結びつき、18 世紀になると、まず英国でもう一つ別種の技能ないしは意欲と資力を持つ集団、すなわち企業家集団が加わり、「産業革命」となる。この方式が英国以外に拡散して、人間の生活と地球の表層はわずか 2 世紀半のうちに一変する。

さて、この「科学」と「技術」と「企業（産業）」の結合体である「科学技術文明」が今日の社会で果たしている機能や特徴について、改めて何人かの賢人の目も通して見ておきたい。なぜなら、今後、この地球上に住む80億人超の人たちが安全で持続的に生き続けるには、環境負荷を最小にとどめ、省資源型であり人間にやさしい科学技術、つまり“グリーンな”科学技術は不可欠である。そのためには、これまで我々が全面的に依拠してきた科学技術の本性を十分に理解した上で、改善（グリーン化）の途を探る必要があるからだ。

そこで、現代の科学技術の持つマイナス面を含め全体像を長年にわたって考察してきた次の4人、すなわちドイツ生まれで英国のエコノミストであるシューマッハー（1911～1977）、科学技術の分野からは市川惇信氏（東京工業大学名誉教授、元・国立環境研究所所長）と内藤正明氏（環境システム工学が専門で当時は京都大学教授）、そして宗教界からはフランシスコ教皇のすぐれた意見を紹介し、その上でグリーンな技術に至る方策を提示してみたい。

まず、シューマッハーは名著『スモール・イズ・ビューティフル』（小島慶三、酒井 懋 訳、1973年、日本語訳本は1986年、講談社学術文庫）で次のように主張する。

「奇妙なことであるが、技術というものは、人間が作ったものなのに、独自の法則と原理で発展していく。そして、この法則と原理が人間を含む生物界の原理、法則と非常に違うのである。一般的にいえば、自然界は成長・発展をいつどこで止めるかを心得ているといえる。成長は神秘に満ちているが、それ以上に神秘的なのは、成長がおのずと止まることである。自然界のすべてのものには、大きさ、早さ、力に限度がある。だから、人間もその一部である自然界には、均衡、調節、浄化の力が働いているのである。技術にはこれがない。というよりは、技術と専門家に支配された人間にはその力がないというべきであろう。技術というものは、大きさ、早さ、力をみずから制御する原理を認めない。したがって、均衡、調節、浄化の力が働かないのである。自然界の微妙な体系の中に持ち込まれると、技術、とりわけ現代の巨大技術は異物として作用する。そして、今や拒否反応が数多く現れている」

このようにシューマッハーは、技術というものは独自の法則と原理で発展してゆき、とりわけ現在の巨大技術は、社会に異物として作用すると指摘する。工学部出身の私も、このことは理解できないことではない。シューマッハーの次の指摘も見ておこう。

「まったくの不意打ちではないにしても、現代技術が作り上げた現代世界は、短い期間にいっせいに三つの危機に見舞われた。第一の危機は、技術、組織、政治のあり方が人間性にもとり、堪えがたく、人の心を蝕むものだとして抗議の声があがっていることである。第二の危機は、人間の生命を支えている生物界という環境が痛めつけられ、一部に崩壊のきざしが出ていることであり、第三の危機は、資源問題によく通じた人たちには十分知られたことであるが、世界の再生不能資源、とくに化石燃料資源の浪費が極度に進み、あまり遠くない将来その供給が急減するか、涸渇する可能性があるということである。これら三つの危機ないし病いは、そのうちのどれ一つをとっても人類の命取りになりかねない。私にはどれが崩壊の引き金になるか予想はつかない。しかし、有限の環境下で無限の成長を追求する唯物主義の上に築かれた生活様式が長続きせず、またそういう生活様式が成長達成に成功すればするほど、行き詰まりも早いことに疑問の余地はない」

この文章が発表されたのは、今から半世紀近く前であるが、今日でも新鮮であるのは驚くばかりである。特に、最後の「行き詰まりも早いことに疑問の余地はない」は、厳しい指摘であり、今日の世界の状況を考えると誠に当を得たものとなっていよう。

次に市川惇信氏は、科学技術の研究者として、科学技術文明について、次のように主張する（『岩波講座 地球環境学』第1巻・「二十世紀科学技術文明の意味」岩波書店、1998年5月）。

「進化システムが本質的にもつ性質として、目的をもたず過程だけが存在することを指摘した。生態系に目的はない。進化の過程があるだけである。同様のことが科学技術文明という進化システムにも当てはまる。科学技術文明には進化拡大の過程だけがある。このことは、科学技術文明が、それを生み出した思想とは無関係に、進化拡大することを意味する」

「市場経済が爆発するのは経済学が無限を前提としたためではない。拡大思考が次第に卓越する機構を内在しており、制約に突き当たるまで爆発する進化システムであるからである。科学技術文明では拡大が安定な軌道であり、縮小は不安定な軌道である。申し合わせて縮小軌道をとったとしても、それからわずかでも外れれば、全体は拡大軌道に転移する。科学技術文明は無思想に拡大を続ける。地球環境との調和はこの基本的認識のもとに図らねばならない」

このように、科学技術文明には進化拡大の過程だけがあり、それを生み出した思想とは無関係に進化拡大する。科学技術文明では拡大が安定な軌道であり、縮小は不安定軌道だと市川惇信氏は主張する。先のシューマッハーが科学技術の外側から科学技術の問題点を指摘したものを、市川氏はいわば内側からその本質を言い当てる。

次に内藤正明京都大学名誉教授の意見を聞いてみよう。教授は、京都大学、国立環境研究所など一貫して環境工学の分野で活動し、今日においても傾聴すべき意見をいろいろなところで様々に述べておられるが、やはり岩波書店の『岩波講座 地球環境学』第１巻中の「地球環境問題における科学技術の役割」の中から見てみよう。

「技術というのは、ある目的を達成するために他の部分にツケを回すものである。つまり経済学でいう外部化であり、工場なら自社の塀の外に廃棄物を放出することを意味する。それ故にこそ、その『外部』も含めた総合的評価なしでは、環境対策技術そのものが形を変えた別のもっと深刻な環境負荷を生じかねない。例えば、廃水処理は汚水から汚濁物を除去し、水を浄化する。しかし除かれた汚泥は消えることなくさらに何らかの処理を必要とする。これを続けていけば、汚濁物は液相・固相・気相と相（フェーズ）を変えて次々にツケ送りされ、しかもその変換過程でエネルギーを消費する」

内藤名誉教授は、処理とは汚濁物を液相・固相・気相と相を変えたツケ送りに過ぎず、しかもその変換過程でエネルギーを消費するという秘密を暴露する。こうなると、特に技術の外側にいる人にとっては、一体

「処理技術」とは何なのかという深刻な疑問が生じるであろう。そのような疑問に対し、内藤名誉教授はこともなげに次のように言っている。

「『技術は多くの人々に、これまで不可能と思われてきた豊かさと利便を与えた』といわれるのは事実である。しかし、この表舞台の陰でなにが生じたのだろうか。最大の特徴は、第一にその技術がすべて石油に支えられていたこと、第二に自由経済の原則によって動機づけられてきたことである。そのために技術の大量普及が、結局は外部としての地球環境や資源枯渇の危機をもたらした。

さらにもっと困ることはその次の段階にある。技術は多数の弱者にも余禄を与えるとしても、第一義的には強者に数倍の利得をもたらす。技術が進むほどいっそうこの格差は増大する。地球規模での危機によって、もはやフロンティアが存在しなくなってもなお、競争原理と自己実現を最大の価値とした技術社会に起こることは、一握りの勝者が一人の人間としては無用な過大な富と力を独占することである」

引用が続いて恐縮だが、科学技術のグリーン化を考えるヒントとして、もう一人、フランシスコ教皇の意見にも耳を傾けてみよう。

まずフランシスコ教皇は、言うまでもなくローマ・カトリックの最高位におられる方であるが、宗教問題だけでなく、人類が直面している諸問題、特に科学技術文明に依拠した今日の社会のあり様にも鋭い視線を向けておられる。その教皇は、2015年6月、「環境に関する回勅（教皇から全世界のカトリック教会の司教に宛てられる公文書）」を発表した。この回勅は、フランシスコ教皇が今日の人類社会が直面している極めて深刻な環境と社会の危機に対し、どのようなお考えを持っておられるかを知る貴重な文献である。その中に科学技術のグリーン化を考える上で参考になると思われる次のような記述がある。

「科学技術の力が増大することは、進歩そのもの、ないしは信頼や福祉の増進と考える傾向がある。しかし、現代人はその力を上手に使う訓練を受けていない。なぜなら、現在の巨大な技術開発には、それに見合った人間の責任感、価値観、そして良心が伴っていないからだ。技術パラダイムは経済や政治を支配する傾向がある。経済は技術の進歩を利益の増進に結びつけるが、人間に及ぼす潜在的な負の影響には思いを寄せない。環境悪化の教訓を学ぶのがあまりにも遅いのだ。あるサークルの人々は、今日の経済学と技術がすべての環境問題を解決し、地球上の飢餓と貧困の問題は、市場を成長させるだけで救済できると主張する。しかし、彼らはバランスのとれた生産、富の良き配分、環境・将来世代の権利などには関心を示さない。彼らにとっては利益を最大にするだけで充分なのだ。私たちは、技術と経済の方向性、目的、意義、そして社会的意味合いに係る今日の失敗の根源を見ることに失敗しているのだ」と。誠に至言である。

私の本意はもちろん“技術バッシング”にはない。技術はどんな時代にも必要であり、まして有限な地球環境がほぼ満杯になってしまった21世紀においては尚更だからである。2020年のコロナ禍に際しても、検査、監視、ワクチンの作成、医療等に関する科学技術がいかに大切かを痛感させられたばかりだ。ただ、読者には現代社会を突き動かしている主導力である科学技術の本質を再認識し、その上に立って、持続可能な環境文明社会を支える技術を展望してもらいたいだけである。

人間がどのような科学技術を持つべきか、その科学技術をいかに使いこなしていけるか、科学技術の開発とその利用を技術者とそれを利用する企業だけにまかせ、市場の選択だけに委ねてよいかどうかも含めて、科学技術の体系を再検討する必要があり、その作業を経て出てくる技術を、私たちは「グリーンな技術」と呼んでいる。

私たちの考える「技術のグリーン化」とは、まさに既存の技術を今よりもっといい技術、人間の顔を持った技術に切り替え、あるいは新しく創り出していくことである。

「リニア中央新幹線」に対する重大な疑問

リニア中央新幹線は、JR 東海による単独事業として 2014 年に着工し、東京から名古屋までの 286km を最高時速 500km で 40 分で結ぶとして 2027 年に開業を予定し、現在各地で工事中。この事業に対しては、経済界や駅の設置が予定されている自治体からは、もっぱら経済効果の面からの期待が表明されている。その一方で、膨大なエネルギー消費、安全性の問題、南アルプスの自然景観の破壊や地下水脈の枯渇、大深度トンネル工事の問題等々、様々に疑問が呈され、住民による訴訟も各地で行われている。

このように、この事業に対しては、日本に残された数少ない夢のある大型事業として大きな期待が寄せられる一方、数々の疑問や批判があるが、私自身としては少なくとも次の 3 点を特に懸念している。

● なぜ、そんなに速くないといけないのか？

リニア新幹線は、最高時速 500㎞、そして東京（品川）－名古屋間を 40 分で結ぶという。スピードを評価する声は大きいが、私はなぜそんなに速く行く必要があるのかという疑問を拭えない。確かに交通機関にとって速さは命であるが、それは、乗客にとっては安全・安心が常に確保され、沿線住民にとっても、公害や自然環境破壊の心配がなく、しかも適度で納得できる料金で乗れることが大前提だ。

私なりにこの計画を調べてみると、そのいずれについても、納得のいく回答はない。超電導磁気浮上方式であるので、電磁波の健康不安も完全には解決されていない。さらに心配なのは、この路線の 9 割近くが大深度の地下であるので、例えば、地表まで 1000 メートル以上もある南アルプスの直下で停電や火災事故などが起きたら、果たして乗客を安全に救出できるのか、という点だ。沿線 5㎞ごとに脱出口を設けるそうであるが、1 列車に 1000 人近くの多様な乗客（老人や障がい者、また健康を害している人もいよう）が乗っていると考えたときに、大深度の地下トンネルの中での停電や火災、地震による事故からどうやって安全に逃れるのだろうか。

事故以外にも、テロが心配だ。さらに地下水脈への影響、地上への脱出口の維持管理、工事の段階で大量に発生する土砂の処分、航空機の旅客の場合と同様、乗車前一人ひとりに適切なボディチェックは不要なのであろうか。さらに膨大な電力量の問題がある。時速500km という超高速で走行するリニア新幹線は、通常の新幹線の4倍くらいの電力が必要だとのこと。気候危機の時代には、あらゆる乗り物の省エネが厳しく要求されているというのに、時代逆行も甚だしいプロジェクトであると私には思える。

●リニア車両のメンテナンスは？

武蔵野大学工学部の阿部修治教授が『環境と文明』の 2019 年 7 月号に寄稿してくれた文章の中で、車輪のメンテナンス問題について次のように述べているのを見て、私は驚いた。時速 500km を維持するためには、これほどのメンテが必要だとは、私は思ってもいなかったからだ。

「高速走行している車両には相当な力が常にかかっているため、部材・部品の劣化を常にチェックする必要がある。リニア新幹線の車輪はゴム製で、時速 150km までは常にこのゴムタイヤを使って走行し、時速 150km 以上で浮上走行に切り替わる時に収納し、停止するときにまた車輪を出す。航空機の離着陸時と同じような車輪の出し入れという機械的に複雑な仕組みがあるので、航空機並みのメンテナンスが必要となるだろう。当然ながら、タイヤの摩耗も激しいので、2ヶ月に1回程度の頻繁な交換が必要となるようである。また、リニア車両は地上コイルとの隙間 8 センチくらいを維持して浮いた状態でガイドウェイの中を走るが、地上コイルには車両を持ち上げるための大きな力がかかる。コイルの固定ボルトが緩んだりすると大事故に繋がりかねないため、ガイドウェイも日常的に厳格な点検が必要となる」

● **この事業の持続可能性はあるのか。**

私は、2014年3月31日付の毎日新聞に「リニア新幹線、再検討を」という見出しの下で、その安全・採算性への疑問、集客見込みも甘いのでは、という主旨の文章を投稿した。その中で、人口減少、テレビ会議やインターネット（最近ではZoomなどのウェブ会議システム）の活用によるビジネスマンの出張の減少などにより、乗客数の確保が可能なのかという疑問を呈したが、2020年のコロナ騒ぎでは、私の想定以上にテレワークやオンライン会議などが活用されたので、この傾向は今後さらに強まるのではないだろうか。英仏両国が運航した超音速旅客機コンコルドは、四半世紀飛んだが、採算・安全等の問題で撤退を余儀なくされた。リニア中央新幹線事業の場合も、JR東海だけで進めるのではなく、広く国民の意見や批判も踏まえて、しっかりと事業の全体像を今からでも再検討すべきだと思う。JR東海の独自事業とはいえ、沿線住民だけでなく、財政面からも国民全体に大きなインパクトを与えるのは確実であるからだ。

先に紹介した環境文明21の『生き残りへの選択』執筆陣の技術グループ（主として内藤正明、宇郷良介、田崎智宏の各氏）は、技術と社会との関係が満たすべき条件として、①技術の負の側面の未然防止、②技術開発・利用の制約が自発的になされる仕組み、③技術の公正な評価、④技術リテラシーの向上と技術コミュニケーションの促進、⑤適正技術を向上させるモチベーションの探究の5点を指摘している。

その上で、当技術グループは、今後なすべき重要施策を次の6点にまとめて提案している。そこに至る基本的認識は、地球環境の限界に達しつつある今日、これまでのように技術の開発や利用を技術者や企業者のフリーハンド（自由裁量）に任せるのは適当でないということである。

この提案は、現在見返しても技術のグリーン化を進める上で誠に適切であると考えるので、改めて紹介する。

①技術者教育を変革し、技術倫理や環境倫理の普及・定着を進める

開発された技術が社会に役立つものになるか否かは、使う側の倫理次第です。しかし、遺伝子組み換え技術やクローン技術、原子力の開発など、自然の理の外側にある技術の開発に関しては、使う側の倫理だけでなく、開発者の倫理も問われてしかるべきです。縦割り社会の弊害が技術者教育にも広がっている実態、3.11の原発事故の教訓なども踏まえ、技術者の倫理観を高める教育は急務ですが、そうした場で、従来の学識者・専門家による教育だけでなく、将来世代を含めた公平な視点と専門性を持つNPOなどの考えを取り入れていくことも必要ではないでしょうか。

②技術の公平な評価を行うため、技術アセスメントの仕組みを導入する

開発された技術が将来世代の豊かな環境と資源を奪わない技術であるかどうかについて、その技術のライフサイクルアセスメント（LCA）を、公平な立場である人間が徹底して行う必要があります。評価（TA）に当たっては、推進派だけでなく、最も厳しい意見を持つ反対派の意見も十分に反映できる仕組みが重要です。これこそが最大のリスク管理に繋がるものです。

③技術リテラシーの向上と技術コミュニケーションの促進を図る

先端技術について、一般市民が理解することは容易ではありません。例えば、原発についても、今回の事故後初めてその実態を知ったという人がほとんどです。

今後ますます先端的な技術が増えていくと考えられますが、どのようなメリットやリスクが存在するか、社会一般にとって必要な技術かどうか等を的確に判断できるような教育を行いたいものです。またそうした教育を専門家だけに任せておくのではなく、NPO等が仲介となって、技術に関する知識・教養を高め技術者とのコミュニケーションを促進していく取り組みや、技術開発と普及に市民が関われる仕組みを作っていくことも重要です。そうすることで、環境負荷が高い技術、社会にとって不必要な技術が排除され、環境負荷の少ない社会に有用な技術が促進されるだけで

なく、技術者の倫理観を高めていくことにも繋がります。

④ 環境負荷を考慮した適正技術の優位性を確立する

環境配慮型の適正技術の優位性を確立するには、例えば、製品のエコ評価（マイレッジ、フットプリントなど）に基づいて減税などのインセンティブや罰則などのペナルティを与える仕組みを作るなど、規制や経済的措置を講じることも重要です。

⑤ イノベーションへの公的投資を増やす

技術の開発は人間の知的欲望の一つであり、いかなる技術開発においても、これを制限することには賛否両論あります。その一方で、利益追求に走りすぎている現在の科学技術を是正し、将来世代に豊かな環境と資源を継承する技術を促進するには、こうした技術に対する公的投資が不可欠です。そのためには、③で述べたように、専門家だけでなく、市民が関われる仕組みを使い、将来世代も視野に入れた公平・公正な視点で評価し、公的投資を決定していくような仕組みが必要です。

⑥ 匠の技の再生、応用、継承を支援する仕組みを作る

先端技術だけでなく、日本には自然の理に沿った技術、自然の力を利用する技術、自立的・自律的でローカルな技術（地域適正技術）、多様な自然調和型技術がたくさんあります。環境文明社会ではこうした技術を多用したいものですが、そのためには、伝統的な技術を見直し継承していく仕組みが必要です。日本人の技術力は世界的にも高く評価されており、こうした伝統的な技術、匠の技を途上国はじめ世界に発信していくことも、日本の重要な役割の一つです。

今の時点で、私から一言追加すると、②の技術アセスメントは客観的でかつ強制力も必要である。そのためには、技術アセスメントを確実に実施するための法制化と、特許の審査でも環境負荷に関する項目の追加が必要と考えている。

4-4 信頼できる教育・情報

教育の重要性を否定する人はおそらくいないだろう。なぜなら、教育は何よりも各人の生活を維持し向上するのに不可欠であるだけでなく、その時々の様々な課題をまず理解し、克服し、社会を安定的に維持するのに必要な知識や価値観そしてスキルを体系的に身につける学びであるからだ。教育はどんな時代でも、家族の中で、組織・集落の中で、そして学校制度の中で準備され、提供されてきた。

教育の中身は、時代によって、また教育を受ける人に期待される役割等によって異なる。江戸時代では、町人には寺子屋、武士には藩校や私塾、農村では子供組などあり、それぞれが地域社会で各人に期待される役割（庶民の場合には読み、書き、ソロバンはもとより、礼儀、手習い、芸能、さらに忠孝、質素倹約など）が教え込まれた。1810年代に北海道の松前藩で捕虜として生活したロシアの海軍少佐ゴロヴニンは、「日本人は自分の子弟を立派に薫育する能力を持ってゐる。ごく幼い頃から読み書き、法制、国史、地理などを教へ、大きくなると武術を教へる。しかし一番大切な点は、日本人が幼年時代から子弟に忍耐、質素、礼儀を極めて巧みに教え込むこと」だと手記に書いていると、環境教育のスペシャリスト藤村コノヱさんは私との共編著『環境の思想』で紹介している。

しからば、地球環境時代ともいうべき21世紀の今、日本に生きている人々にとって、教育が果たすべき役割とはどんなものであろうか。

そのためには、戦後からこれまでの約70年間、日本で実施された学校教育の問題点をまず見ておきたい。一口で言えば、一貫して経済性重視、というより偏重が著しく、その弊害も大きい。敗戦によりボロボロになった国土や工場などを復興するために、国民が一丸となって経済再建に取り組んだこと自体は当然であり、当時の人々はその役割を立派に果たしたと私は考える。しかし日本の経済力が世界第二の位置に辿り着き、それ以降には貧富の格差や環境の破壊が地球規模にまで及んでいる事実が次々に明らかになっても、先進国にふさわしい責任感を持ってこれらの問題に真剣に向き合わず、日本政府は相変わらず「経済最優先」政策を取り続けている。

その典型的な姿は、中央教育審議会（中教審）会長職に近年は財界人の就任が何代も続いていることだ。中教審は日本の教育の骨格を審議する重要な審議会であり、そのメンバーの中に経済界の人がいるのは当然のことと思うが、その会長職に教育界からではなく財界人（ちなみに現職は第一生命ホールディングス会長。その前は三井住友銀行会長、新日鉄会長、そして日本郵船会長も就任）を充てていることが、日本の教育が何を目指しているかを端的に示していると私には見える。これは教育現場にも反映され、例えば高校生などのスポーツは、それ自体を学ぶというより、一部とはいえ、高額の報酬が得られるプロ選手を競って養成する場となったり、大学でも3年生になると勉学よりも「就活」に学生も大学もいそしむ風景が当たり前になってしまっている。

こうした状況の中で、「命の基盤である環境の重要性を学び、有限な地球環境の中で、持続可能な生活や社会経済活動を営むための力を育む環境教育は重視されず、そのため、広い視野と長期的な視点で物事を見る力、的確な判断力と行動力、他者に対する寛容力、多様性への対応力などが十分に育成されていない状況である」と、環境文明21が出版した『生き残りへの選択―持続可能な環境文明社会の構築に向けて』（環境文明ブックレット8、2013年）は指摘している。

なお、藤村コノヱさんは、最近の会報『環境と文明』の「風」欄でも、繰り返し、広い意味の「環境教育」の重要性を指摘している。例えば、2020年1月号においては、「気候変動に加え、不安や不満で世界中が混迷を極め、人間も『退化』『幼児化』の傾向に向かいがちです。しかしそんな状況を乗り越えるには、有限な地球の中でこれまでのやり方ではダメなこと、新しい文明の転換期にあることをしっかり認識する必要があります。そして生命の基盤であり人類共有の宝である環境を守るには、人任せにするのではなく、またAIなどと言う技術に頼るのでもなく、一人一人が自分事として、考え、よりよい社会へと変えていく力を育むことが大切です。そのためにも、視野を広げ、様々な人と意見を交わし、社会の一員として自ら声を上げ参加する、そんな力を育む市民力アップの為の環境教育をやり直す必要があります」と主張している。私も全く同感だ。彼女のこのような主張の背景には、「古くからの『お上意識』のようなものが未だ影響してか、日本の学校教育では市民教育や政治教育を避ける傾向がある。政治家や官僚の中には依然として、“民には由らしむべし、知らしむべからず”という体質があるようで、環境教育を実践する人の中にも、環境教育を狭い教育の範囲に留め、政策提言やデモなどの社会活動に繋げる必要はないという人たちもいるが、根本的には、社会に働きかける力を育む民主主義教育、市民教育、といったものも同等に必要だ」と彼女は主張している。

しからば、地球環境時代ともいうべき21世紀のこれからの教育に必要なものとは何か。前出の『生き残りへの選択』の中で、藤村コノヱさんら教育グループは、次の9項目を提案している。各項目の説明文をそのまま引用すると長くなるので、ポイントのみを紹介する。

①地球の有限性や共生意識、
公共性等を育む内容を学習指導要領に導入する

環境は公共財であり、地球市民の一員として皆で保全するとともに、次世代に引き継ぐ責務があるといった公共意識を育てる教育が必要。そして、現在の経済原理が後押しする過度な競争のための教育から、人間性を重視した「適切な競争」と「共生」のための教育へと転換させる。また、知識だけでなく、自分の頭で考え、判断する「思考力」、「想像力」とそれを実行する「行動力」、「創造力」を体験的に身につける教育を推進。

②大学では、教養と学問的専門性を深め、「市民」を育てる教育に徹する

地球市民としての教養と学問的専門性を深め、単に企業の経済活動に役立つ人材の育成ではなく、持続可能な環境文明社会を担う人間の育成に徹する。そのためには、各大学が独自性を活かしつつ、「大学改革」とカリキュラムの再編に取り組む。特に、市民としての思考力や判断力・行動力・合意形成力を養うには、これまでの教育の中でなおざりにされてきた「議論する」場を積極的に設けることが不可欠。

③ 小、中、高校では、「環境科」を設置する

基礎教育の段階から「全ての生命の基盤であり、人間活動の基盤である環境」の価値を基盤に据えた教育体系やカリキュラムを再編し、「環境科」を設置する。学科として設置されることで、内容や教材が充実するのみならず教職員の意識・能力も格段に上がることが期待できる。なお、ここで言う環境教育とは、持続可能な環境文明社会の構築に繋がるものであり、単に自然体験や身の回りの環境問題について学ぶだけではなく、その範囲は広範にわたる。

④ 子どもの能力の評価を多様化する

環境文明社会においては、自ら生き抜く力と多様性への寛容さが求められる。学校教育においても、「学力」という画一的な評価基準（指標）だけでなく、子どもたちの個性や人間性、社会性を引き出す評価基準（指標）を研究・検討し整備する必要あり。

⑤ 適性・指導力を重視した教員養成プログラムの強化と採用・評価制度の改善

「市民」を育成するには教師自らの指導力が問われることから、教師としての適性や指導力を向上させるための教員養成方法や教育環境の再構築が必要。特に、「市民」の育成に当たっては、教師自らがその資質を向上させる必要があることから、教員養成課程では民主主義教育としての環境教育を徹底。また、社会全般にわたる包括的なテーマについての考え方や判断力・行動力を育む教

育内容とし、多様な教育手法を駆使する必要あり。採用や評価に当たっては、教師としての志、子どもたちに対する愛情、教育技術、知識・見識など多面的な観点から採用するとともに、それらを評価する仕組みを整備することで、現職教員の資質と能力の向上に努める。

⑥専門性や経験のあるNPOや職業人を教育現場で活用する

地球の環境・資源の有限性への意識や途上国への責任感などを育むには、学校だけでは限界。そこで、幅広い視点を持つ外部の専門性を持ったNPO等を教育現場で活用するのも効果的。学校とこうした人材が連携することで、より効果的な環境教育が期待できることから、外部からの人材活用の仕組みを早急に整備する必要あり。

⑦基礎教育にお金がかからない仕組みを整備する

全ての児童・生徒に平等に教育機会を提供することは国の責任。親の経済的格差が子どもの教育機会の不平等に繋がらないよう、公教育に公的資金を投じて、公教育の質を高める。

(注：OECD諸国の中で、教育に対する日本の公的資金の割合は最下位グループ)

⑧家庭・職場・地域で持続性を学ぶ機会と場を増やし強化する

新たな教育現場の開拓

学校教育のみならず、大学、地域における社会教育、企業における職場教育など、あらゆる段階で、環境について学ぶ機会と場が確保されることが望まれる。特に今後企業の社会的責任がより深く問われることから、企業では単に企業活動に関わる研修のみならず、人間育成の場としての研修を行うことが重要。また、教育の基盤である家庭や地域においても、皆で次世代を育てるという観点から、インフォーマルな教育の仕組みを構築する。具体的には、現在の「塾」とは異なり、あくまで有限性や公共性を学び、地域の文化や宗教などの多様性への理解を促進する場として、「21世紀型寺子屋」のようなものを地域の教育力として作り上げていくことも効果的。

⑨ボランティア実習など、広く社会を知るための体験制度を拡充する

公共性を培い、働くことの価値を学ぶ場として、体験はとても効果的。実際、ドイツでは兵役の代わりに環境NGOでのボランティアを認めるなど、各国でその取り組みは進められていることから、日本でも、あらゆる機会を通じて、実体験の機会が得られるよう制度化を進める。

最後に、最近とみに問題視されるようになった情報の質について触れておこう。この問題は、インターネットやスマホの普及とともに、前から提起され、多くの人が危惧していたことに関連する。2017年1月、トランプ氏が大統領になって、自分に不都合な事実や報道に対しては「フェイク・ニュース」と連発し、拒否するようになって、民主主義社会におけるこの問題の危険性や深刻さが多くの人々に共有されるようになった。

紙（活字）情報であれ、電子情報（メール、フェイスブック、ツイッターなど）であれ、あるいはその他の情報であれ、情報は人や社会を結びつけるのに不可欠で、ある意味、神聖な手段である。だからこそ人間は、古い時代から様々に工夫して、正しい情報を人に伝達する手段を開発し、工夫を重ねてきた。戦争のようなのっぴきならぬ状況においては、敵をあざむくため正しくない情報を意図的に流すことはどこの国でも間々あったが、通常は、少なくとも公的機関やマスメディアが発信する情報は正しいものとして人々に受け止められてきた。特に、教育の場で使用する教科書やテキストに含まれる情報は、科学や事実に基づいた正しいものとして受け止められてきた。

ところが今世紀に入って、スマホなどの電子機器によって、誰でも多量に、しかも安直に情報を発信できる時代になると、情報に関する過去の信頼関係が一変する事態が、ほとんどの国で、今、激しく進行してい

図K　正しい情報と不正な情報

（著者作成）

る（図K参照）。

今日の社会では、インターネットやスマホなどによりあらゆる情報をきわめて容易に発・受信できるので、上図②、③、④のような情報の横行は民主主義社会をゆるがせにする観点からも危険であり、社会の基盤が掘り崩される心配がある。これを放置せず、国際的にも国内的にも正しい対応策をとる必要がある。特に②に関連して最近知ったことだが、AIや画像操作技術によって、ある人の顔を動画で出し、声も合成してその人の声を出し、唇の動きもその発する声に合わせて同調させる技術が開発されているとのこと。つまり画面に登場する人物本人は全く知らないのに、カクカク、シカジカとしゃべっている姿が画面に映り、見る人にはその人の「真実」と捉えられてしまう危険性がある。この技術が悪用されることになると、テレビやパソコンの画面でしゃべっている人物を見ても、その言葉が信用できなくなり、社会に大きな混乱をもたらす恐ろしい事態に陥ることも考えられる。

したがって、正しく信頼できる情報を吟味し、選択する力を培うのも教育の大切な役割である。なぜなら、氾濫する情報の中で、何が正しいのかを判断する力やダマシを見破る力を身につけることは、個人として必要なだけでなく、社会を支える一員としても必須だからだ。

この問題は、表現の自由やプライバシーの保護などとも密接に絡まるが、その賢明な解決なしには社会を健全に維持することは困難であると思われる。既にフェイク・ニュースが氾濫しているアメリカでは、メディアや非営利団体などが自発的にファクト・チェックをしているようだが、無数にある個人や組織の発信元をすべてチェックするのは不可能なので、事は深刻だ。国際的な枠組みの中で日本も真剣に取り組むことが必要である。

4-5「片肺政治」を改める

政治は生き物である以上、どこの国でも政治の勢いは時代によって大きく変化する。例えば、第二次世界大戦を終局に導き、戦後は荒廃した日本やヨーロッパの国々の復興を物心両面で支援したアメリカの政治は、文字通り歴史を転換した大きな存在だったと言えよう。当時、少年〜青年期を過ごしていた私などは、アメリカを偉大な国として仰ぎ見ていた。そのアメリカも、半世紀以上の時を経れば、トランプ氏のような無責任大統領が出現し、アメリカ政治の輝きを失せしめ、国内外で米政治に対する信頼を掘り崩している。

経済学者でアメリカの政治についてもしきりに発言しているスティグリッツ・コロンビア大学教授は近著の『プログレッシブ・キャピタリズム』(東洋経済新報社、2020年1月)の中で、今日のアメリカ経済と政治について、「ごく少数のエリートが経済を支配しており、日増しに増える底辺層にはほとんど資源が行き渡っていない」と批判し、アメリカは"1%の、1%による、1%のため"の経済や民主主義へと変わりつつある、と指摘している。

このように、どの国も様々な課題を抱えている。日本の場合は、多大な犠牲を払った無惨な敗戦の後、平和憲法の下で国民も経済界も政治家も一心不乱に頑張った結果、少なくとも「もの造り主導」の経済は、敗戦から30年足らずのうちに、米、英などの戦勝国の水準に追いついた。しかもその過程で生じた負の遺産ともいうべき産業公害や、その後生じた二度の石油危機も、手際よく乗り切って見せた。それをじっと見ていた韓国や中国、そして東南アジアの国々に対しては、日本型工業化のモデルを提供することとなり、実際、政府開発援助(ODA)等資金の提供を通して、戦時中に多大な犠牲を強いたこれら諸国の経済発展に大いに貢献した。その頃、よく知られているように、ハーバード大学のエズラ・ボーゲル教授は"Japan as No.1"と表現し、またマレーシアのマハティール首相は“Look East”（日本に見習え）政策を強調していた。このような成果を出したことで、今思えば、戦後日本の政治はこの頃が華だったのではないだろうか。

1980年以降になると、それ以前の大成功に酔い、傲慢になり、“赤信号、皆で渡れば恐くない”と倫理観、責任感の喪失にも陥って、日本の社会も政治も経済界も、活力と指導性を日が沈むように失って、今日に至っている。2－2の「(3) 技術力への過信」の中で紹介したように、1999年の段階でロンドンから日本を見ていた森嶋通夫教授は、『なぜ日本は没落するか』の中で、21世紀の日本は「国際政治的には無視しうる端役になっているだろう。……残念ながら日本が発信源となってニューズが世界を走ることは殆どないだろう」と見通していたが、悲しいことに、今のままなら、ほとんどそのとおりになるだろう。

読者の中には「こんな古い人の話はどうでもよい」とおっしゃる人もいるかと思うので、本稿執筆時にはまだまだピチピチ現役の経営者である小林喜光・三菱ケミカルホールディングス会長が毎日新聞の大型インタビュー（2019年5月10日付）で語った認識を掲げよう。

「自分のことばかり考える。国の将来を考えない。一般市民はもちろん、経営者から政治家に至るまで、そういうメンタリティーの人たちが増えてしまった。このままでは、令和の時代に日本は五流国になってしまう。もっと国民がお互いを鼓舞しながら、『勉強してよい国にしよう』という社会にしなければならない」

ご覧のとおり、日本の衰退の度については20年前よりむしろ厳しい見方になっている。

五流国になると聞いて、記者も驚いたのだろう。転落しないためにはどうすればよいのかを問うと、小林氏は、「若者は年寄りのことを気にせず、『反逆することが正義だ』ぐらいの気概で社会を変えてほしい」と答えている。

もちろん、こう言ったからといって、日本の政治・経済が衰退の一途を辿っていると私は考えているわけではない。不思議なことに、安倍晋三氏は、日本政界では極めてめずらしいことだが、二度、首相に就任し、しかも合計在職年数は、日本憲政史上の最長記録を更新した。それ以前は、首相はほとんど1年で交代した時期が長かったので、国際的には影響力も指導力もごく限られていた。安倍首相は長かっただけに、アメリカ大統領（オバマ、トランプ）、プーチン・ロシア大統領、習近平・中国主席らと親しげに対話し、衰えたりといえどもまだ世界3位の経済力があるので、それなりに日本の存在感を示していた。このようなことは、中曽根首相以来、滅多になかったことである。経済力の方も、かつての「もの造り日本」の日の出の勢いはないにしても、トヨタなどは今のところ善戦し続けているように私には見える。

あれやこれやと考えると、日本の総合力である現在の政治力は、一口で言えば、「片肺政治でなんとか飛んではいるが、嵐が来ればいつ墜ちるかもわからない」と私には映る。どういうことか。

もちろん私は政治学者でも政治家でもないが、日本の豊かで美しい自然環境に根ざした文化と伝統をこよなく愛している者として、政治（国政）の役割・責任とは、大略、次のようなものであると自分流に考えてきた。

①国の向かうべき方向を、常に国民と共に検討し、その時々の結論を国民に責任を持って明示し続けること
②法律案、予算案などの形成を通してあるべき政策を議論し、選択し、決定し、将来世代を含む国民に対しその結果責任を負うこと
③国の安全・治安を守り、国の名誉と尊厳を護持すること
④世界の中の一員、しかも先進国の一員としての役割と責任を自覚し、世界の平和、安全、発展等を確保するため、ある程度の国益を離れても主体的かつ積極的に参画し、時にはリードすること
⑤世界の国々と友好関係を維持するよう、常に配意すること

このように書き出すといかにも堅苦しくなってしまうが、いつの時代でも、どんな国でも、皆、このようなことを多かれ少なかれ心がけて、その日、その日の政治をしているのではと、私は考えている。

そのような目で今の日本の国政を見ると、特に①、②、③の３項目で、決定的に物足りなさを実感している。何が足りないのか。ズバリ、政策形成過程でも、また実施の過程でも、市民または国民の主体的（動員されたのではなく）参加がほとんどない「片肺飛行」だということだ。

ここから先は、私が特に関心を持っている、エネルギー・環境政策に軸足を据えて語る。

まず、① の方向性と②の政策形成の議論に参加できるのは、ごく少数の利害関係者と国会議員、それに一部の有識者（審議会委員、検討委員会等のメンバー）だけである。役所案を基に原案を作り、それを②の政党の部会等で承認し、国会の審議に供し、多くの場合、実質的な審議のないまま可決・成立してしまう。もう少し具体的に、例えば、日本の気候変動政策について見てみると、日本も受諾した「パリ協定」の規定に則して中長期的な CO_2 等温室効果ガスの削減目標を定め、その達成方途やスケジュールを決めることは、電力やガスなどのエネルギーの使用とその結果としての CO_2 等の排出に関わることなので、ほとんど全ての国民の生活や経済活動に関わる。したがって多くの国民の理解（納得感）がなければ、どんな目標を定めても、その達成のための協力が得られないはずである。ところが、安倍内閣の下では、環境よりも経済（しかも短期的な利害）が優先されたので、まず経産省に置かれたエネルギー関係の審議会等で中長期的なエネルギー需給バランスを審議・決定し、その下で CO_2 等の排出削減の可能量が議論され、エネルギー側から出てきた削減量を環境省サイドもほぼ追認していた。実態はそうであっても、国民に対しては、「有識者の集まりである審議会の場で慎重に審議された結果を政府は尊重します」というストーリーで説明されることが多い。

将来に向けて天然ガス、石油、石炭、原子力、水力、太陽光、風力、バイオマスなどを、どのくらい、どこで、どう使うか、そしてその結果として出てくるCO_2等の排出量や放射性廃棄物の処理・処分をどうするかは、本来、全てとは言わないまでも、多くの国民（場合によっては外国人関係者も含む）の関心事であるべきだ。しかし現実は、せいぜい数十人の利害関係者（業界、自治体、学識、ごくわずかなNPO）のみで、実質的に政策が決定されてしまう。

環境文明21代表の藤村コノヱさんは、現在、中央環境審議会の地球環境部会のメンバーになっているが、「この部会は年に2～3回程度しか開催されず、重要事項でも審議会開催時間は2～3時間程度なので、一人当たりの発言時間はせいぜい2～3分と短く限られ、したがって議論や審議にはとてもならず、一方的な意見表明だけの場になってしまうのが残念」といつも語っている。政府として決定するに先立って、行政手続法の定めによりパブリックコメント（業界用語では「パブコメ」）を一般の人々に求めることはするが、これまでの実績では、意見を表明するのに必要な準備時間はごく短く、普通の人が分厚い資料を読み込んで意見を表明するのは困難であり、また無理して出したとしても、語尾の修正程度にとどまり、肝心な点では反映されないのが実態であるようだ。

こう書いてくると、「そうは言っても、時間には限りがあり、無限に議論しているヒマはない。また、たくさんの人が関心を持っているからといって、何百人、何千人の意見を聞いて歩くことなど不可能だし、彼らが役に立つ意見を持っているかどうかも疑わしい。だから、このやり方しか方法はない」という声が聞こえてくる。しかし本当だろうか。私はそうとも思えない。このやり方こそ、「原子力村」に集う利害関係者や専門家だけで原子力発電事業を「国策」として政策を決め、国民に押しつけることになった原因なのだ。また今、進められているリニア中央新幹線事業にしても、国民レベルで検討すべき重大な問題点などはほとんど国民に知らせることなく、事業計画を決定してしまった後、初めて沿線住民がそのことを知り、大騒ぎしても、「これは正当なプロセスを経て既に決定しています」で押し通そうという、そういうやり方なのだ。

他の国でも、こんなデタラメな政策の決め方をしているのであろうか。権威主義国と言われるようになった独裁国家はともかく、少なくとも民主政治を標榜している先進国は完璧ではないまでも、これほどひどい国は日本以外には私は知らない。

どの国でも、政策や方向づけを決めるのに無限の時間をかけ、全国民の意見を集約することなどできはしない。だから知恵を絞って、できるだけ多くの関係者の多様な声を反映できる現実的なシステムを工夫しているのだ。特に環境分野は、気候のこと、生物のこと、農や食のこと、ごみのこと、エネルギーのこと、農薬や家庭内で使用する殺虫剤や芳香剤などなど、国民生活に多岐にわたり関係するので、どこの国でも、供給側、生産側を代弁する産業界委員と共に、生活者や消費者などの多様な意見を代弁できるNGO／NPOが、必ず審議検討の場に参加するシステムができているのだ。

そんなことを言うと、「環境省や経産省などの日本の審議会だって、NPOも参加しているし、それに審議会は公開で開催されている」と言う人がいるが、表面的には似ているが、中身や運営方法は決定的に違っている。何が違うかといえば、一つはNGO／NPO側の委員の人選も日本では役所が一方的に決めるのに対し、他の先進国ではNGO側が決めるのが普通。そして決定的に違うもう一つの点は、NPOに限らず、審議に関係する事柄に利害や関心を有する人の参加を保障する国際的に確立した原則ないしは条約等に立脚しているか否かである。日本は、まるで従っていない。業界代表以外の委員は、ほとんど昔ながらに「お上」が決めている。これではまるで江戸時代だ。

多くの読者は、「え？ そんな原則なり条例があるの」と不思議に思われるかもしれない。このことに関して、日本では全く話題にもならないが、国際的には立派な慣行ができているのだ。メディアや国会でさえ課題にならないこと自体が、根の深さを示している。

まず原則は、1992年6月にリオで開催された「国連環境開発会議」(地球サミット)において全会一致で採択された「リオ宣言」の第10原則には、次のように書かれている。

「リオ宣言」の第10原則(太字は筆者)

環境問題は、それぞれのレベルで、**関心のあるすべての市民が参加することにより**最も適切に扱われる。国内レベルでは、各個人が、有害物質や地域社会における活動の情報を含め、公共機関が有している環境関連情報を適切に入手し、そして、**意思決定過程に参加する機会を有しなくてはならない**。各国は、情報を広く行き渡らせることにより、国民の啓発と参加を促進し、かつ奨励しなくてはならない。賠償、救済を含む手法及び行政手続きへの効果的なアクセスが与えられなければならない。

冒頭の「環境問題は、それぞれのレベルで、関心のあるすべての市民が参加することにより最も適切に扱われる」は、これ以上、明確に書きようがないほど明確なステートメントだ。実際、主要なテーマである自然環境の保全一つを取り出しても、人々の共有財産である大気、水、土地、野生動植物などを保護しようとすれば、これに関心もあり、利害関係を有する全ての人の参加の下で対応を決めるというプロセスを抜きにしては、「適切に扱われる」ことは期しがたいのは当然だ。だから、公共機関が有している「環境関連情報を適切に入手し(つまり、最近の日本の官僚がやり始めたように、「資料はない」とか「黒塗りや改ざんして出す」といった手は違反)、意思決定過程に参加する機会を有しなくてはならない」と書いてある(これも役所文書によく見られる「努めるものとする」といったようなアイマイ表現にはなっていない)。

このリオ宣言は、もちろん日本政府も国会も承認したものであり、本来ならば、早速、この精神を実現化する努力をしなくてはならないはずなのに、政府も国会も、そしてメディアも、まるで他人事になっているのではないだろうか。ちなみに、環境文明 21 は、この精神を日本国憲法に取り入れようと、市民参加条文案を提案している(139 頁参照)。

この第 10 原則を無視しなかったのはヨーロッパ諸国だ。EU 委員会のイニシアチブにより、この原則を条約化する努力を開始し、1998 年にデンマークのオーフスで開催された国際会議[1]で、通常「オーフス条約」と呼ばれる「環境問題に関する情報へのアクセス、意思決定における市民参加、司法へのアクセスに関する条約」を採択し、この条約は 2001 年に発効した。その中身は、条約の名称が示すとおり、①環境情報へのアクセス権(行政が持っている情報はもとより、電力、鉄道等の公益事業者が持っている情報公開の義務づけなど)、②環境に関する政策決定への参加権(環境に重大な影響を及ぼす可能性のある立法、上位計画—プログラム、個別の許認可にあたって参加制度の構築。これにより市民の参加は権利として明文化)、③司法へのアクセス権(環境法違反の行為について訴訟ができるなど)だ。

大久保規子大阪大学大学院教授は、環境文明 21 の会報『環境と文明』(2011 年 9 月号)での「オーフス条約で民主主義を根付かせる」と題した論説の中で、NGO/NPO との関係について、次のように述べている。
「さらに、オーフス条約では、NGO の役割が随所に強調されている。NGO には、不特定多数の人の環境利益を組織化し、また、自然の利益を代表して、適切に決定に反映させることが期待されている。EU の大規模な環境 NGO は、環境保全のための実践活動を行うとともに、意見書の作成、議会でのロビーイング活動、訴訟等、事案に応じて多様な手段

1 国連欧州経済委員会第 4 回環境閣僚会議

を選択し、政策形成に大いに寄与している。その実効性を担保しているのが、これら3つの権利なのである」

日本社会の衰退が著しくなったのは、次のような欠陥のあるシステムに重要政策の決定を委ねたことによると私には思える。すなわち、NPOはじめ日本の中にある様々な意見、知恵、経験を活用しようとしないで、「霞が関」の一部官僚、「永田町」の特定利害国会議員、そして「大手町（経団連）」あたりの一部大企業、さらに彼らに親和性のある、あるいは官僚からみて都合のよい「有識者」といわれる一部の学者、専門家、などのごく限られた人脈とその乏しい知恵だけで政策を決定しようとする「片肺政治」なのである。その結果、日本の政策はダイナミズムも世界に対するアピール力も、少なくとも環境・エネルギー分野では力を失ってきたと思っている（もっとも、未だ多くの人は、過去の成功体験が忘れられないのか、力を失ったとは思っていないようだ）。

私は、日本の政治がこのような状況を脱出し、力強い輝きを取り戻すキメ手は、日本のNGO／NPOを、せめて欧米並み（アジアでも、韓国、台湾、香港など、かなりのレベルだ）の基盤を与え、幕末と明治維新期に活躍した"脱藩NGO"のように、現代のNPOにも活躍の場と機会を与えることだと、自分の経験から確信している。

課題は、NPOの政策決定プロセスへの参加の権利を制度化すること（日本のすべての国会議員、地方議員、そして政治学者、評論家などは、せめて国際的に確立しているリオの第10原則ぐらいはしっかりと受け止め、対応策を検討して欲しい）、それとともに日本のNPO人材のキャパシティ・ビルディングなどにより、人材（特に若者、そして会社・役所OBも含む）の幅も数も増やすこと、そしてそのためにも、資金力を高めて、活動範囲をいかに高められるかだ。これについて、基盤を整備しているEUの現状を紹介しつつ、日本での模索・努力を、第5部の5－3「市民の政治力を高める」において論じる。

第5部

知恵と戦略

これまで、第3部では「環境文明」とはどんな文明なのか、そして第4部ではその「環境文明」を成り立たせるのに急ぎ必要となる5本柱を説明した。第5部では、「環境を何よりも大切にする経済社会」を支える基盤となる、日本の伝統社会が保持していた知恵を紹介するとともに、それを現代のシステムに組み込むハイブリッド戦略を語り、さらに、日本の活力を再び蘇らせるのに不可欠な市民力（NGO／NPOが主体）の増強と企業の環境力向上について述べる。

5-1「有限」世界を支える8つの知恵

私が1993年9月に「21世紀の環境と文明を考える会」というNGOを藤村コノヱさんら5人で立ち上げた時に、ぜひすぐに取り上げたいと思った課題の一つは、江戸時代を中心とする日本の伝統社会で育まれ継承されてきた知恵を、今日の眼で発掘し、日本はもとより、世界で持続可能な社会づくりに役立たせたいということであった。なぜなら、江戸時代の日本は、他国から強いられたわけでもないのに、自ら選択して、いわゆる「鎖国」政策を約250年も貫き、限られた資源を活用して独特の国づくりをしたからである。

一方、今の世界は人口や経済規模を目一杯膨らませ、有限な環境や資源を食い潰しつつあり、地球の限界に直面しつつある。日本が約150年前までに経験した有限な空間で暮らす生活を、世界全体が今経験しようとしている、といっても、あながち誤りではないだろう。もちろん、海洋だ、月だ、火星だ、宇宙だと新たなフロント探しの活動はあるが、地球上の80億人を超す人口とそれを支える生態系を受け入れるスペースにはならない。結局、有限な地球で持続的に生きることを考えざるを得ず、そうなると、日常生活に必要な物品については実質的な輸出入はほとんどなく、海外渡航も外国人の自由な流入も厳格に禁止された日本の江戸時代が、「有限世界」の唯一のモデルなのだ。

確かに江戸時代は、閉じられた空間の中で人々が生きてきた時代であった。しかし、人々は抑圧された状態でただ鬱々としていたわけではなく、長崎の「出島」を通じてヨーロッパなど世界の状況には結構通じていたし、芸術や工芸作品などが示すように、精神的豊かさを持って充実して生きた人が少なくなかった。作家の渡辺京二氏は、江戸時代に日本を訪れた欧米人の観察記や論考を読んで、「彼らが描き出す古き日本の形姿は実に新鮮で、日本にとって近代が何であったか、否応なしに沈思を迫られる思いがした」のを契機に、過去の膨大な文献にあたって書き上げた。その力作『逝きし世の面影』(平凡社、2005年)には、多数の来日外国人の観察が豊富に引用されている。

一つだけ紹介すると、アメリカの初代領事タウンゼント・ハリスの有能な通訳として活躍したヘンリィ・ヒュースケンが1857(安政4)年12月に書き残した彼の日記を、次のように引用している。「いまや私がいとしさを覚え始めている国よ。この進歩はほんとうにお前のための文明なのか。この国の人々の質樸な習俗とともに、その飾りけのなさを私は賛美する。この国のゆたかさを見、いたるところに満ちている子供たちの愉しい笑声を聞き、そしてどこにも悲惨なものを見いだすことができなかった私は、おお、神よ、この幸福な情景がいまや終わりを迎えようとしており、西洋の人々が彼らの重大な悪徳をもちこもうとしているように思われてならない」と。今から162年ほど前、25歳のアメリカ人青年が日記に書き記した観察眼の鋭さと未来への洞察力に、私は震える思いで読んだ(ただ誠に残念なことに、この聡明な青年は、この文章を記した3年後に、江戸で夜間、一団の浪士に刀で襲撃され、絶命した)。

江戸時代の文化を深く愛して数々の著作を残した芳賀徹東京大学名誉教授は、名著『文明としての徳川日本』(筑摩選書、2017年)の表紙カバーの裏で、「徳川日本を『江戸趣味』や『暗黒史観』として捉えるか、でなければ近代日本を準備した時代として捉えるのが一般的だろう。しかし宗達・光琳の琳派や芭蕉、蕪村、貝原益軒の本草学や新井白石の『西洋紀聞』、杉田玄白の『蘭学事始』、さらに崋山や源内まで併せて考えると、完結した文明体としか言いようのない姿が浮かんでくる。250年という時間と、日本列島という限定された空間のなかで生まれた独特な文化的風景を点描する」と記している。徳川日本の文化的高さについては、私も全く同感だ。欲を言えば、もう一人の文人として良寛の名も加えて欲しかったと思うのだが……。

さて、もう一度、伝統社会の知恵に戻ると、江戸時代の閉鎖的空間の中で平安に生きる生活術として日本人が保持してきた知恵が、日本の伝統文化が育んだ知恵である。よく知られるように「足るを知る」「もったいない」「自然との一体感」といったものが、当時の人々が生きる上での大切な知恵となっていた。それらについて様々な文献や言い伝えなどを読み込む作業を通して、私たちは次の８つの知恵を抽出した。

- モノへの執着より精神的な豊かさや心の平安を重視していた（モノより心）
- 自然と同化し、自然との共生の精神を基盤としていた（自然との共生）
- 「足るを知る」自足の心と、「もったいない」精神をもっていた（足るを知る）
- 輪廻、循環思想が根づいていた（循環思想）
- 調和を大切にし、家族や地域などの集団の存続を重視していた（調和を保つ）
- 精神の自由を尊ぶ気風があった（精神の自由）
- 先祖崇拝や、先人を大切にすることで命や暮らしを繋いでいた（先人を大切にする）
- 教育の価値を認め、次世代を愛し育てることに熱心だった（次世代を愛し育てる）

なぜ私たちがこの８項目を抽出したのかの説明は、前出の『環境の思想』の中や、環境文明21のホームページにに詳しく記しているので、興味ある人はこちらも見ていただきたいが、ここでは、このような選択をした作業者の思いを、改めて語っておきたい。

一口に日本の伝統文化といっても、時代的には７世紀前後の飛鳥時代から江戸時代にわたり、人々の暮らしぶりや産業、そして外交関係の変遷の中で大きく変化してきている。ただし、私たちが主たる対象とした江戸時代を中心に考察したところによると、その特徴は概ね次のようなことが言えよう。

第一に、多くの日本人が仏教を基とする輪廻・無常観のもと、モノへの執着よりも心の平安を重視する気持ちを持っており、仏教や道教の受容を通して日本に伝えられた知恵や自足の心や自然との共生が、日本人の心に深く刻まれていた。中国経由の仏教や道教を日本人が受容することができたのは、おそらく、時に荒ぶる日本の自然や天変地異の猛威を前にして、人間の無力を痛切に思い知らされた人々の体験があっただろうと推測する。13世紀初めに書かれた『方丈記』の有名な冒頭「ゆく川の流れは絶えずして、しかももとの水にあらず。よどみに浮かぶうたかたは、かつ消え、かつ結びて久しくとどまりたるためしなし。世の中にある、人とすみかと、またかくのごとし」は、今も日本人が噛み締めている見事な無常観の表白だ。

また、身の回りに豊かに存在する自然に対しての畏敬の念をもち、山や川や樹木に対しても神として祭るといったことをごく当たり前のこととする神道の精神を共有していた点も挙げられよう。

さらに社会的な面では、政治の要衝に立つ武士階級が、総じて強い責任感と使命感を持ち、自己抑制的に権力を行使していた点が挙げられる。新渡戸稲造（1862～1933年）が『武士道』で書いているように、武士道スピリットが多くの為政者の心を占め、武士による強権政治が行われていたものの、それは儒学などによって錬成され、倫理的に抑制された統治形態が取られていたのである。

また、国民の多くが清貧を厭わず清福を求め、祖先を大切にし、戦いよりも調和を尊ぶ姿勢を維持しており、文化的にはわび・さび・もったいないといった感覚を尊重していた。単に貧困ゆえのわび・さびではなく、むしろ積極的な意味でその心を大切にしていたのである。

一方、技術面を見れば、活発なからくり精神を発揮し、様々な創意工夫をこらしていた。鉄砲や時計など西洋からもたらされたモノや、中国・朝鮮から渡ってきた技術などにもヒントを得て、自在にそれを発達させ、わが物としていく技能は、当時から日本人のお家芸であった。

このように日本の伝統的知恵は、日本の自然や暮らし、そして、そこに育まれた神道の思想、さらに中国から伝わった仏教の教えと儒教や道教の教えが融合して形成され、日本人の骨肉となり、生活感情の中核となった。この「宝もの」を、21世紀の世界の持続可能な社会づくりに活用しようというのが私たちの思いなのだ。

しかしそう言うと、おそらくすぐに反論がくるだろう。「江戸時代の知恵はわかった。しかしおれたちは江戸時代に生きているのではなく、21世紀のグローバル世界に生きているのだ。情報やカネだって、パソコン一つで世界のどことでも瞬時に繋がるだけでなく、スマホで相手の顔を見ながら話もできる。生身の体だって、飛行機や超高速鉄道を使えば24時間以内に世界のほとんどの都市に行ける。そんな時代に、やれ『足るを知る』だの『もったいない』や『ご先祖様の』だの言ったって、何の役にも立たない。立つという説得的な理由を聞いたこともない」というような声が聞こえてくる。

この類いの意見に対しては、もし今の時代に特段に深刻な問題がなく、つまり気候異変も生物の絶滅もなく、コロナ騒ぎもなく、政治や経済が順調で、貧困や差別、さらに戦乱に苦しむ人もなく、多くの人が幸せに暮らしていけるのなら、「古くさい、江戸時代の知恵など持ち出してごめんなさい」と言って引っ込むしかないかもしれない。しかし世界も日本も、現実は全くそうではないのだ。トランプ大統領出現後のアメリカやヨーロッパ（EU）の混迷はただごとではない。この世は破局寸前だとすると、なぜそうなってしまったのかの理由を真剣に考え、分析しようとするのが、本当の学問であろう。

私は学者ではないが、芳賀徹先生と同様、日本の豊かで美しい自然環境とそこに基盤を据えた江戸の文明を敬愛している故に、日本の伝統文化を、飽和状況にあえいでいる有限な世界が破局から脱出するための救命ボートの羅針盤にすることはできないだろうかと考えているのだ。

今までの、西洋起源で世界中が採用してきた価値観、経済や技術の回し方などは20世紀の前半頃までは立派に通用したが、後半から今世紀に入って人間の活動力が量的にも空間的にもパンパンに膨張してしまった今日では、文字通り限界がきている。今こそ、大幅で根本的な軌道変更が必要なのではないか、と考えてみる余地はあると思う。そのことを次の「5－2現代システムに伝統の知恵を組み込む」の中で論じる。

なお「伝統社会」とは、日本の江戸時代にだけあったわけではない。世界中のどの国・地域でも、どの民族にも伝統社会はあったに違いない。我々に馴染みのある代表例としては、アメリカ先住民のアメリカン・インディアン、アラスカやカナダの北方に住むイヌイット、オーストラリアの先住民アボリジニーなどがいるが、彼らはおのおの伝統社会を形成していた。それにもかかわらず、私たち「環境文明21」が、特に江戸時代の伝統社会の知恵に関心を集中させるのは、主に次の理由による。

●2世紀余にわたり、鎖国政策により日本人の海外渡航の禁止、外国人の入国原則禁止、長崎における幕府による輸出入管理を極めて厳格に実施したことにより、空間的に「有限」な社会を維持したこと。
●この有限世界でも1700年頃から幕末に至るまで、ほぼ3000万人台の、当時としては世界的に見ても人口の多い国家をほぼ平和に持続的に維持したこと。
●高い文化と活発な産業活動を維持したこと。

つまり徳川日本は、閉じた物理的空間の中で、一個の、独立した文明社会を生きいきと持続的に維持し得たことに私たちは着目した。

5-2 現代システムに伝統の知恵を組み込む

私は、前出の『環境の思想』の中で、かなり力を入れて次のことを力説した。それは、西洋で形成され今や世界中に普及している民主政治、科学技術そして市場経済（今はグローバル資本主義）の三本柱だけでは次々と押し寄せる社会の課題を解決し得ず、いよいよ限界にぶつかりつつあることから、これら三本柱の基礎部分には、数世紀以上にわたって人間社会を支えた伝統的な知恵（日本で言えば江戸時代には確立していた知恵）を据えて、三本柱の働きをコントロールすべきとの主張である。これを「ハイブリッド型価値システム」と名付けて、読者からの反応を期待したが、残念ながら私の一人相撲で終わってしまった。

それから10年経った今、環境の危機、大震災等による災害の危機、さらに新型コロナ感染症の危機といったフィジカル（物的）面での危機だけでなく、極端な貧富の格差、民主政治のみならず人間社会の信頼そのものを崩壊させつつあるフェイク情報の垂れ流しなどの未曾有の危機を前にすると、前著で論じた「ハイブリッド構造」の必要性を今一度主張して、読者諸氏からの応答を待ちたいと思う。

現代に生きる我々は、国ごとに多少の違いはあっても、高度な科学技術や市場経済といった社会システムの中で生きている。しかもそれはグローバル化されており、例えばパソコンもスマホも、株式市場などというシステムも、AIも自動運転も、日本、中国、アメリカのどこでも同じように使われている。

こうした状況のもと、科学技術に依存した生活やビジネスの中に、「モノより心」「足るを知る」「自然との一体感」といった伝統社会の知恵をそのまま持ち込もうとすれば、「木に竹を接ぐ」以上の違和感、ないしは無力感は禁じ得ないであろう。たとえ伝統的知恵の価値そのものは理解できたとしても、現代の生活様式とはよって立つ原理やロジックが違いすぎる。言ってみれば、ニューヨークのブロードウエイのミュージカルに浪花節語りを登場させるような試みとして相手にもされないかもしれない。そこで多くの場合、伝統的な知恵は今日の生活には活用できない遺物として無視されるか、せいぜい「敬して遠ざけ」られるくらいではなかろうか。しかし、これではあまりにももったいない。

今から160年以上も前になる1853年、米国大統領の国書を携えたペリー提督が黒船で江戸湾に入ってきたとき、日本は上を下への大騒動となった。特に江戸市中では家財を大八車に積んで逃げ出す人、怖いもの見たさに集まった野次馬などでごった返し、大きな混乱が起こった。そんな中、浦賀の海岸に真っ先に駆け付けた一人が、信州松代藩の朱子学者でありながら江戸で蘭学を教え、西洋の軍事技術についても一家言を有していた佐久間象山（1811〜64年）だ。

自ら大砲を実演するという経験を何度もしていた象山は、望遠鏡を使って黒船を詳しく見分し、日本は軍事力とそれを支える科学技術においてとうてい西洋にはかなわないことを見て取った。

しかし彼は一方で、たとえ科学技術においては劣っていても、日本にはなお拠るべきもののあることも確信し、それを「東洋道徳、西洋芸術」という言葉で表現したのである。「道徳」も「芸術」も現在の言葉の意味からは離れたもので、「道徳」は「知恵や志」、そして「芸術」は「科学技術」と言い換えられるだろう。

誇り高い象山が、西洋の科学技術を目の当たりにして悔しまぎれに「道徳」を持ち出したとはとうてい思えない。朱子学に精通し、西洋の科学技術文明を学んでいた象山の心は、科学技術が人間社会に真の意味の福祉をもたらすには、「道徳」によって錬成されていることの必要性を直感したのではないだろうか。

象山が「東洋（日本）には頼るべき道徳がある」と主張してから長い年月が経った今、世界でも日本でも「芸術」（科学技術）は大いに発達した。しかし、「道徳」（知恵や志）なき「芸術」が何をもたらすかは、今の世界が余すところなく語っている。地球環境は破壊され、貪欲に駆られた「グローバル資本主義」という名の「芸術」は、倫理の腐敗とともに世界に深刻な危機をもたらし、多くの人を貧困と格差の悲惨に陥れていると言っても、今の現実を見れば過言ではなかろう。

明治の世になると「和魂洋才」という言葉が使われるようになった。その意味するところは、日本人は西洋の文物を上手に使用しながら生きていく時代とはなったが、日本の伝統的な価値観も大切にしていこうというものであろう。

この「和魂洋才」という言葉は、今はあまり使われなくなった。それは、「洋才」に込められた近代西洋のロジックと「和魂」との間にある距離感を、多くの人が埋めがたく感じているからだと思われる。そうである以上、この「和魂」を日本の伝統的な社会が持っていた「知恵」に置き換え、その知恵と「洋才」、すなわち現代のグローバル化された経済システムや技術を運用する方法とを意識的に結びつける努力を強化すべきだと言える。

近代日本の「実業界の父」と、今盛んに取り上げられるようになった渋沢栄一（1840～1931年）は、現在の埼玉県深谷市の大農家の長男として生まれた。この農家は、米麦野菜といったものを手がけるだけでなく、藍玉の製造販売や養蚕なども兼業しており、商業的な才覚が求められる農家であった。渋沢も幼い頃からこれを要求される環境で育った。また当時の良家の子弟と同様、四書五経や日本外史、剣術なども学んでいたが、縁あって一橋家の家臣となって一橋慶喜に仕え、慶喜が将軍になると彼も幕臣になった。そして、1867年パリで開催された万国博覧会に徳川幕府の随員として参加し、その際に近隣諸国を訪問するなど、若い頃にヨーロッパ体験もしていた。

渋沢は、「私利を追わずに公益を図る」という考えを生涯貫き、公益の増進にも並外れた貢献をした。その渋沢栄一が晩年の1927年に出版したのが『論語と算盤』である。

渋沢はかねがね、「士魂商才」を提唱していたが、その冒頭部分において、次のように述べている。すなわち、論語と算盤とは、「これは甚だ不釣合で、大変に懸隔したものであるけれども、私は不断にこの算盤は論語によってできている。論語はまた算盤によって本当の富が活動されるものである。ゆえに論語と算盤は、甚だ遠くして甚だ近いものであると始終論じておるのである」。

このように、我々が長い歴史の中で培ってきた日本の伝統社会の知恵と、21世紀の今を生きる西洋起源の経済社会ロジックや技術とを混ぜ合わせ融合させる新しい価値や技術体系を創造していくこと、すなわち私たち「環境文明21」が主唱するハイブリッドな価値システムを意識して確立していくという考え方は、実は、かなり古くから日本の哲人が抱いていたものだということがおわかりいただけたと思う。

日本にあった豊かな知恵と、それと起源や方法を全く異にする政治形態、科学技術、市場経済を密接不可分に組み合わせていくことで、現代の危機を乗り越えていく知恵を持とうではないか、と21世紀の激動という新しい時代の中で私たちは主張しているのである。この「組み合わせ」こそが21世紀を生き抜いていくための黄金律と考えるものであり、いわば現代版「和魂洋才」でもあるが、それについて、もう少し説明しておこう。

我々の生活は民主的な政治、科学技術、グローバル化した市場経済、それに多様な文化などの枠組みに支えられている。技術はもとより、政治・経済、ビジネス慣行等、社会の上部構造を支えているもののほとんどは欧米起源であり、一方、我々の日常生活の中で、意識するしないにかかわらず精神的指針の働きをしているのは日本の伝統社会の知恵が主になっている。

これまで、ほとんどの人はこの二つを別々のものと考え、ある人は科学技術、市場経済だけを重視し、またある人は伝統社会の知恵にこだわってきた。本書で私が主張したいのは、放っておけば水と油のように

図L　ハイブリッドな価値システム

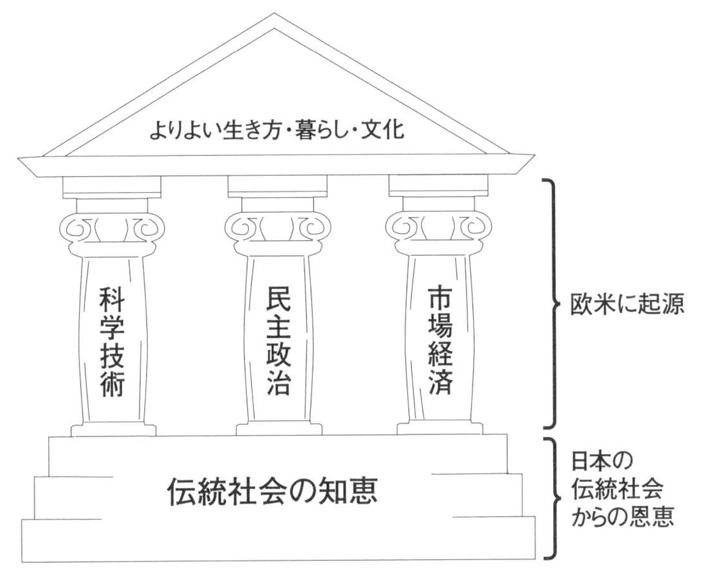

出典：「環境の思想」プレジデント社（2010年）

分離してしまい結合することのない、欧米起源の技術や政治経済のシステムと日本の伝統社会の価値システムを、融合することの重要性である。「融合」とは単純に混ぜ合わせるという意味ではなく、民主政治、市場経済、科学技術といった今日の社会を束ね動かしている柱に、日本の知恵を密接不可分に組み込むことである。具体的には、教育（学校でも社会でも職場でも）や社会科学（特に「経済学」）に組み込み、また各種の法制や技術の革新などの評価システムとして明確に位置づけることだ。これがまさにハイブリッド的融合である。これは言うのは簡単だが、実行はなかなか難しい大仕事だ。

だからといって、二つを融合することが全く不可能なわけではない。

ハイブリッド的融合のわかりやすい事例として、例えば日本の演歌、歌謡曲はどうだろうか。演歌などといえども、使われる楽器はピアノ、バイオリンなどの西洋起源で（もちろん曲によっては三味線、尺八、和太鼓なども加わる）、曲も五線紙上に書かれ、指揮の方法も洋風だ。しかしそこに流れるメロディや歌詞は、まぎれもなく和風だ。美空ひばりの「悲しい酒」、森昌子の「哀しみ本線日本海」、さだまさしの「精霊流し」、福田こうへいの「南部蝉しぐれ」など、私に言わせれば、どれをとっても立派な“ハイブリッド歌謡”だ。

意識する、しないにかかわらず、既に欧米の研究者や実業家の中には、このハイブリッド型の思考法（そのように呼ぶかどうかは別にして、実体として）が入り込んでいる人を見かける。私に言わせれば、これは当然な成り行きである。なぜなら、20世紀半ばくらいまでは、欧米の学者や指導者たちは、西洋的価値観や社会の回し方の普遍性や有効性に絶対的に信頼を寄せ、日本人の「足るを知る」や「もったいない」感覚などには何の関心も寄せなかったであろうが、特に今世紀に入ってからは、その信頼を揺るがす出来事が、他ならぬ西洋社会そのものの中で相次いでいるからだ。西洋の知性などと呼ばれる超エリートたちの中で、日本文化の特質や有効性に関心を寄せる人が最近増えつつあるのは当然のことと思われる。洋の東西の識者や本物の政策当局者なら、ハイブリッド型アプローチの重要性や有効性は理解できるのではなかろうか。

5-3 市民の政治力を高める

第2部の「なぜ不十分な対応を許してきたか」の中で、私は、日本では未だ市民力が貧弱であると述べた。そしてその要因の一つに、日本の独特の官僚制の歴史の中で、公平、公正、中立を大切にしていた過去の行政に対し人々の信頼が培われてきたが、その結果として過度の行政への依存（「お上任せ」）から脱け切れていないことを指摘した。また第4部では、「急ぎ、何をすべきか」として、4－5の中で、現在の日本の政治は、特に環境・エネルギー分野では、国民・市民の実質的な参加を欠いた「片肺飛行」状態であり、リオ宣言やオーフス条約などにより確立されている原則や国際的な慣行にも則していないのにもかかわらず、そのことが問題にすらなっていないことを指摘した上で、どうしても市民力、具体的にはNGO／NPOの力量を高める必要性があることを強調した。その際、EU諸国は、NGO／NPOが活動を活発に展開し得る資金面も含む基盤を用意している旨述べた。そこで、ここでは日本の現状を簡単にレビューした後、EU政策の概要を紹介する。

日本も、1億2400万人余の人口と、衰えたりといえども世界3位の経済力を有する民主国家として、市民力を高める努力はそれなりにしてきた。しかし戦後の日本において、「市民力」を高める努力は、ほとんど一貫して経済を担う「民力」、すなわち経済界、大中小の企業社会、経済人また経済社会を将来担う若手企業人や学生など、日本の「富国」に直接寄与する人材及びそれを補完する保健・社会福祉や地域安全などのパワーアップに注がれたのではなかろうか。その反面、日本社会のメインストリームである政府や財界などの政策方向に疑問を呈したり、特定の政策（例えば、原子力推進、温暖化対策よりも経済優先など）に反対する活動を行うもう一つの「民力」に対しては、支出している金額を見ると明らかだが、日本の政府はほとんど力を貸さなかったと私は考えている。

なぜか。いくつも理由はあろうが、一口で言えば、「何よりも大切な国の経済成長のために善かれと思ってやっている事業や政策にしつこくイチャモンをつけ、せっかくの政策を遅らせたり、邪魔をしたりする連中に"塩"を送ることはない。我々は国益のためにしているが、彼らは好きでやっているので、税金で面倒を見る必要はない」ということではなかろうかと私には思える。

これに関連して、強く印象に残った30年前の出来事がある。それは私がまだ公務員（環境庁の地球環境部長）だった時、ある国際会議でデンマーク政府の代表団と面談した際、デンマーク代表団のメンバーの中に、政府の方針に明確に反対しているグループの人が入っているのを見つけて、なぜ彼が入っているのかを尋ねた。するとデンマーク政府の人は、「彼は確かに政府の方針には反対しているが、しかし彼はデンマーク人であり、税金もきちんと払っている善良な国民だ。だから、彼は我々とは意見を異にするが、代表団の一人に加えている」という主旨の返事を得て、私は「なるほど、これが民主政治というものか」と、ヨーロッパの民主政治の強さと選択肢の広さを学んだ。

その日本も、国際社会の動きからはかなり遅れてはいるものの、表5-3-1に示すように、「地球サミット」以降、少しずつは前に進んでいる。私が役所にいて市民運動にはほとんど関心のなかった頃でも、悪条件の中で頑張ってくれた少数の市民寄りの学者や活動家がいてくれたからだ。日本の環境分野での市民向けのランドマーク的出来事は、1993年の地球環境基金の創設、98年のNPO法の制定とその後の数次にわたる改正、そして2015年の環境NPO連合体である「グリーン連合」の設立であろうが、これとても、この後に紹介するEUでの力強い政策に比べると、残念ながら色あせて見えてしまう。

表5-3-1　日本の環境市民団体等（NPO法人等）のエンパワーメント関連年表

現在	事項	市民関連概要
1992年 6月	「リオ宣言」の第10原則	全ての関係者の参加原則等
1993年 5月	環境庁「地球環境基金」創設	
1993年11月	公害対策基本法を廃して 環境基本法の制定	(93年9月 環境文明21の 前身発足)
1994年11月	シーズ・市民活動を支える 制度をつくる会の発足	
1994年12月	政府は環境基本計画策定	NPO法を議員立法化する 中心団体の発足
1996年11月	日本NPOセンターの発足	
1997年 6月	環境影響評価法 （環境アセスメント法）制定	
1998年 3月	特定非営利活動促進法（NPO法）制定 （6月：EU諸国の主導でオーフス条約採択）	NPO活動に法人格を付与し 健全な発展の促進
2001年10月	「認定」NPO法人制度の創設	NPO法人への寄付に 税制優遇導入
2003年 7月	環境教育等推進法制定	「協働取組」の規定も置く
2005年 6月	行政手続法の改正によりパブリック コメントの法制化	
2010年 2月	民主党鳩山由紀夫内閣で 「新しい公共」論高まる	
2011年 6月	環境教育に関する旧法の大幅改正 NPO法改正により 「認定NPO法人」制度の拡充	法律の名称も変え、政策形成 への民意の反映も追加
2015年 6月	「グリーン連合」設立	日本で最初の環境団体の連合
2016年 5月	「グリーン連合」は市民版環境白書 「グリーン・ウォッチ」を 初めて発行（以降、毎年1回発行）	政府白書とは異なる市民目線の 白書誕生

（著者作成）

EUのNGOに対する資金面での支援は、「個別事業の推進を支援する事業助成」と、「NGOの政策参加機能を担保する運営助成」の二本柱から成っている。日本の国レベルで環境分野唯一の公的助成である環境省の「地球環境基金」(93年に立ち上げ)が「事業助成」にほぼ限られているのとは対照的である。

運営助成とは、事務所の賃料、スタッフの人件費、管理費、会議旅費等に対する支援である。このような支援が可能なのは、「NGOは健全な政策の形成と執行に不可欠な存在であり、しかも非営利の公益的活動をしているので、資金面で公的に支えなければ継続的に活動し得ない」との認識をEU内の政策当局者はもちろん、市民も共有しているからである(もちろん、NGOの基本的な財源構成は会費や寄付によって多くの部分成り立っている。公的資金からの助成はそれを補完するもの)。

欧米の環境NGOに対する公的資金による助成に詳しい大阪大学大学院の大久保規子教授が『グリーン・ウォッチ』2020年版で報告しているところによると、欧州においては、環境団体は、経済団体や労働団体と並び、環境政策の鍵を握るパートナーとして位置づけられてきたという。環境団体は、環境利益の代表者として①情報を収集・発信し、②政策を政府と協議し、③特にコミュニティレベルでは政策の実施を担い、④政策を評価・モニタリングし、⑤広報・支援(アドボカシー)活動を行うなど、多様な活動を担っているので、その公益性に鑑みて、欧州では環境団体に対する様々な公的助成が行われている、とのことである。

それに対し、日本では1998年のNPO法制定によって、非営利で公益的な活動をしている市民団体に「特定非営利活動法人(NPO法人)」という法人格を与え、いわば「一人前の法人」であるとのお墨付きは与えた。しかし、EU諸国のように「健全な政策の形成と執行に不可欠な存在」として認めたわけではないので、「それぞれの団体が事業活動をしたいのなら、審査の上で、その事業経費の一部は支援してやるが、団体そのものの存続に必要な運営費(人件費、オフィス賃料など)は支援しない」というところに今もとどまっている（ただし、NPO法の改正等により、外部からの寄付を受け入れやすくする「認定NPO法人」制度の拡充はなされた）。

EUのNGOに対する助成制度の内容と日本の環境NPO法人らの受け止め方などを巡っては、市民版環境白書『グリーン・ウォッチ』の2019年版、2020年版に貴重な記事が載っているので、詳しく知りたい方はそちらを参照していただきたい。日本でNPO法人に対する本格的な支援制度を導入するためには、EUのように、NGOを“社会の健全な発展のためには不可欠な存在”と日本社会全体が認めるようになることが必要だろう。しかし現在の日本では「好き者同士が集まって活動しているようなので、健全な団体には法人格を与えてその存在を承認したが、民間の大企業や中小企業あるいは学校法人や公的教育・研究機関、さらには公益的な法人のように、日本社会にとって不可欠な存在として認定するレベルには達していない」というのが、残念ながら政策当局だけでなく、社会一般の通念のように私には思われる。

ここで日本のNPO等に対する国による公的助成の現状を見ておこう（日本には三井物産環境基金やイオン環境財団のように私企業による助成もある）。当時の環境庁が1993年5月に国と民間の拠出により創設した「地球環境基金」（現在は環境省所管の独立行政法人「環境再生保全機構」が管理・運営）は、2018年度には約141億円の基金を有し、その運用益及び民間からの寄付をもって、内外のNGO／NPOの環境保全活動への助成を行っている。141億円の出資割合を見ると、政府出資が94億円、民間寄付金（国民、企業、団体等）が47億円となっており、この割合は過去10年を見てもほとんど変わっていない。

141億円という数字を見るとかなり大きな額と思う方もいるかと思うが、これは積み上げた基金額であって、毎年使える事業への助成額は約6億円前後に過ぎない。2018年度の助成実績を見ると、NPO等からの要望件数は394件、助成要望額は14億3600万円であったのに対し、実際に助成した件数は207件（採択率は52.5％）、助成額は5億9100万円（採択率41.1％）に過ぎない。単純に平均助成額を計算すると286万円／件である。もちろん、資金力の乏しい日本の環境NPOにとっては、200万〜300万円の助成はありがたい（私たち「環境文明21」も過去何度か助成を受けた）が、採択率の厳しさと金額の少なさ、そして助成金の使い勝手の悪さなどは、正直なところNPO泣かせになっている。

日本政府が個別の民間会社、財団・社団法人等に支給している助成に比べると、その差は目がくらむほど顕著だ。例えば、日本の経済官庁（経済産業省、国土交通省、農林水産省など）は、所管の業種を発展させるため、あるいは苦境にある場合など、いとも簡単に（と私には思える）補助金を支給したり、条件の良い融資をしている。その出入をスムーズにするためにも、様々な業界団体があり、そこに所管の役所から理事長とか専務理事などが送り込まれているのが一般的だ。また各団体を応援する国会議員の連盟があり、この鉄のトライアングルが十重二十重に形成されている。したがって、業界にとって何かコトが起こると、これらのマシンが当然動き出す。事例は無数にあるが、私の目にとまった最近の二つの例を紹介する。

一つはコロナ禍に関連した事例で、2020年5月10日付の読売新聞の「解剖財界 コロナ編（下）」が伝える記事だ。日本の大中小の企業が一時期「世界の工場」となった中国に多数進出したが、「一極集中は災害や今回のような新型ウイルスの感染拡大など、万が一の際のリスクも膨らませる。4月7日に閣議決定された総額100兆円超の緊急経済対策には、生産を国内などに移した日本企業に対する補助金2435億円が盛り込まれた」とある。日本企業が中国に出て行くときにはどんな補助金が出たか、出なかったかは全く知らないが、「シマッタ、日本に戻ろう」となると、この記事によれば日本政府は2435億円の補助金を出すらしい。なぜこのお金が出るのか？ それは多分「そうすることが、日本の国益にとって不可欠だから」と説明されるのだろう。

もう一つの比較的最近の事例は、経済産業省が毎年、次世代自動車の技術開発に対し、10億円前後の補助金を自動車関連の民間団体に出していることである。自動車業界であれ造船業界であれ、あるいは化学工業界であれ、常に次世代に向けてどういう製品や技術を打ち出すかを検討し、秘かに準備するのは業界としても個別企業にとっても当然中の当然のことであり、政府からの税金を当てにしているとは（しかも、自動車業界はその時点で巨額の利益を出していた！）何事かと思うのだが、このような補助金の支出を可能にしたのも、多分「そうすることが、日本の国益にとって不可欠だから」なのだろう。

賢明な本書の読者ならもうおわかりと思うが、私がこのような事例を紹介するのは、重要な国益の一部を担っている（と私たちは考えている）環境NPOに対しては、事業費の一部を補助するのに用意する金額は207事業に対して総額6億円程度でよいが、中国から戻ってくる会社には2435億円用意しました、ということの価値バランスの問題なのだ。別の言い方をすれば、日本では環境NPOの存在価値はその程度のままで本当によいのですか、という問いを、政治家はもとより、多くの国民に投げかけたいのだ。「6億円でも出すのはもったいない。そんな支出は取り止めよ」とお考えの人もいるかもしれないが、そういう意見も含め、日本の環境NPOの果たしている役割を国内で多くの人に議論してもらいたいのだ。

私がこんなことにこだわるのは、忘れられない経験をしたからだ。それは、かれこれ20年前の話だが、途上国援助をしている日本の著名なNGOの幹部と話している時、日本人NGOスタッフの月給のことに話が及ぶと、彼は、「うちの子どもたちには、親として高校までは授業料をなんとか出すが、大学の授業料はとても出せないので、行きたければ自分で稼げと言っている」と言い、「こんなに頑張っているNGOなのに、その幹部でも子どもの大学の学費も払えないのか」と私はショックを受けた経験があるからだ。

ずいぶん前の話だが、それ以降、私は環境NPO／NGOの分野で活躍している人たちがどのくらいの報酬を得ているのかが気になって、時折それとなく聞いてみるが、概ね月額20万円前後である。もし彼ないしは彼女が公務員であったなら、年格好からして大雑把に見てその倍くらいには優になるだろうと推測している。報酬の点では全く不利なのにもかかわらず、少数でも国際会議に出て頑張っていられるのは、不屈の高い使命感はもちろんのこと、それを支える（おそらく親などからの）経済的支えがあるのではと推測している。しかしこれでは長続きしない。もし国民の多くが、「環境NPOの多くはオタク人間が趣味でやっているようなもの。税金で補助するのは今程度で十分」と考えるのなら、公的資金を増額する根拠はないだろう。しかし私は、自分の経験からも、断じてそんなことはなく、日本の環境行政の足りない点を指摘し、少なくとも、これ以上悪くならないように彼らが頑張っているから、何とか日本人の環境に対する熱意を国際社会にも伝えられていられるのだ。つまり日本社会にとっては不可欠な存在であり、その活動の基盤を強化することが国益なのだと主張している。前述のように、EUでは、環境NGOは社会にとって必要不可欠な存在と行政も国民も認識しているので、日本に比べ、格段の資金を投じてその健全な活動を支えているのだ。

このカベを突破するのは大きなエネルギーが要るが、それはNPO法人の存続のためというより、衰退しつつある日本社会の活力を引き上げるためにこそ必要であると考えている。良識ある市民や経済人なら、十分に支持できることではなかろうか。

5-4 企業の経営を支える「環境力」

本書でも繰り返し語ってきたように、私は長いこと公害・環境対策の最前線に居続けた。若い時分（1960～70年代）には都会の空は黒く汚れ、川や海も汚れが誰の目にも明らかだった。しかし、対策を一生懸命すれば、あまり時間をかけずとも空の汚れは薄れ、川面からメタンガスの噴き出しは止まり、魚も少しずつ戻ってくるといった効果は実感できた。工学部の出身で、立法技術や法の執行には疎かった若き時に、法に基づく公害対策の効き目に、正直言って、我ながら目を見張ったものであった。今思い出すと、このときが私の行政官としての開眼の時であったのかもしれない。

しかしまさにこの頃から、公害・環境対策には半世紀以上も付いて回った一つの、しかし強力な呪いのような批判がある。それは「対策をやると経済や景気の足を引っ張る」という後ろ向きで歪んだ思い込みだ。このような主張に対しては、私は、様々な経験から決して経済の勢いや産業の活力を削ぐものではない、と確信を持って言い続けてきた。もちろん、それは根拠のない主張ではなく、1960年代から2000年頃までの日本社会全体の真摯な取り組みの結果得られた成果に基づいての主張であった。

その代表的な事例は、1960年代の後半、私がおそらく日本で最初の担当者となった自動車排ガス（当時はCO_2ではなくCO）対策だ。その時点ではまだ日本の自動車産業はとてもひ弱な産業と考えられていたらしく、自動車公害対策をさせることは、ひ弱な産業の足を引っ張ることになると、当時の通産省の担当者は強行に主張した。そのため、対策を推進する側にあった厚生省の担当者は、常に批判の対象だった。当時、

「加藤さんたちは、日本の自動車産業をGMやフォードに売り渡す気か」と責められた光景を今でも忘れていない。しかしながら、自動車排ガス対策をやったことが日本の自動車産業をひ弱にしたかというと、それは逆であり、日本の自動車産業を世界に通用する自動車産業に押し上げたといっても過言ではない。トヨタやホンダなどが、世界の自動車業界の中において今でもリーダーシップを持って企業活動ができているのは、当時、経済の足を引っ張ると思われていた環境規制に正面から向き合い、それに必要な投資をしっかりとやり、頑張って優れた技術開発をしたからに他ならないと、自信を持って言うことができる。

同様に、他の公害環境対策をやろうとした時も、また比較的最近では地球の温暖化の主要な原因物質である CO_2 対策についても、経済の足を引っ張るとの批判を、私自身言われ続けている。しかしその度に、対策を取った方が、社会にとっても、そして個別企業にとっても、かえって体質を強化し、長期的に見れば経済的にも正当化される対策であるという確信は、少しも揺らいではいない。

それは、凧を揚げるのに向かい風に向かって揚げないと上昇しないように、環境対策は、決して経済の力を削ぐ向かい風ではなく、新しい技術を生み産業構造を変え、全体の力をむしろ高める役割をするという私自身の経験に支えられているからだ。

そんな不毛な論争に悩まされていた頃、1992年の「地球サミット」前後から、日本の産業界でも主要メディアでも、ISO14001の取得や環境報告書づくりなどの「環境経営」が称揚されるようになり、メディアは競って「環境格付け」を公表するようになった。当時の代表的なものとしては、日本経済新聞の「環境経営度調査」、フジサンケイグループの「地球環境大賞」、財団法人地球・人間環境フォーラムの「環境レポート大賞」などがある。そこで顕彰された企業名を見てみると、例えば2002年12月発表の日経環境経営度調査では、1位・日本IBM、2位・キヤノン、3位・NEC、4位・リコー、5位・松下電器産業……、またもう一つ、2003年の地球環境大賞では、大賞・リコー、経産大臣賞・キリンビール、環境大臣賞・東京急行電鉄、文科大臣賞・NEC、経団連会長賞・大成建設、フジサンケイグループ賞・本田技研工業……。こうした具合のランキングが毎年1回発表されるようになった。

私は、これらの企業ランキングを眺めて、突然「環境力」という「力」を思いついた。どういうことか。つまり、もし環境対策が「経営や景気の足を引っ張る」だけのものだとしたら、どうしてこのランキングに登場する企業群のように、日本の経済を引っ張り、人もうらやむような優良な企業がずらっと並ぶのであろうか。もちろん、これらの会社が環境対策だけで元気なわけでなく、企画力、営業力、技術力、資金力、人脈の広さなど、他の様々な要因も加味されているに違いない。しかしそれでも、環境対策をしたら経済面でダメになるとの考えは基本的に間違っていると直感して、「環境力」が口をついて出てきたのだ。

それ以降、講演ではよく、「アイザック・ニュートンはリンゴが木から落ちるのを見て万有引力を発見したが、加藤三郎は環境経営ランキングを見て環境力を発見した」などと冗談を言いながら語り、また「環境力」に関する本を2冊刊行した。一つは『日本再生の分かれ道－環境力』を2003年に、また2005年には『福を呼びこむ環境力』を、共にごま書房から出した。

さて、その頃から15年以上も経ち、日本の企業社会の風景はずいぶん変わった。今の日本で環境対策そのものの必要性を否定する声は、さすがに聞かなくなった。環境汚染や地球環境問題に対応する必要性はよく理解されている。しかし、よく聞くと、「環境対策は企業にとってはコスト要因そのもの」あるいは「国にとっても経済を冷やす要因になるのではないか？」「温暖化対策などをあまり頑張るとGNPが減少し、失業も増えるという話もある」といった経済官僚や一部の企業人の本音のようなものも聞こえてくる。しかも安倍政権に近いグループからの声は、今でも大きい。

そこで私たち「環境文明21」は改めて、「環境力」とは「環境を維持または改善しようとすることが、環境に良いだけでなく、その個人や組織の経済的な面も、また社会的な面もあわせて改善してしまう力であること、つまり『環境力』とは、全般的に持続可能性を高める『総合力』である」と主張するに至った。

それでは、なぜ「環境力」があると組織の総合力が上がるのだろうか。それを考察してみると、次の五つの要素が本質的に「環境力」には付随していることに気がついた。

第一は**「先見性」**である。これは、足元の問題もさることながら、少なくとも10～20年ほど先の中長期的展望に立ち、科学的な知見に基づいて、起こり得る未来を見通す力のことである。

二つ目は**「知恵」**である。これは、科学技術など現代社会の基盤を支えているものの多くは西洋に起源を発する合理性と技術であるが、同時に日本の伝統社会が育んできた「足るを知る」「自然との共生」「モノより心」といった知恵もうまく活用した、いわばハイブリッド型の価値を活用しているということである。

三つ目は**「戦略性」**である。言うまでもないことだが、目標を実現するには「先見性」や「知恵」を動員するだけでなく、その手順を整えて大胆に実行する「戦略性」が必要である。1997年12月に京都で開催された地球温暖化対策のための一大国際会議であるCOP3（ここで京都議定書が採択された）に合わせて、ハイブリッド自動車「プリウス」を売り出したトヨタの見事な戦略は、その典型例であろう。

第四に**「技術力」**である。環境関連技術だけでなく、あらゆる分野で新製品や新サービスを開発し、磨き上げる力がこれである。

そして最後に**「社会的責任の自覚」**である。現代においては、特にグローバル化した社会にあって、いかなる経済活動をするにしても、透明性を保ち、公平・公正の感覚をしっかりと持ち、企業活動に伴い環境や社会に与えてしまう負荷を最小にしようとする責任感や倫理観は、特に経営者にとって不可欠である。昨今のESG投資の対象となったり、SDGs経営の実行には欠かせない。

このように、「先見性」「知恵」「戦略性」「技術力」そして「社会的責任の自覚」をしっかり持っていれば、環境対策に取り組んだときに、間違いなく前向きな力、すなわち「環境力」の発揮に繋がり、会社は前進する。

「環境力」をこのように定義し分析した上で、日本の企業社会を見たとき、業種や企業の規模を問わず、環境に配慮しながら成功を収めている経営者が少なからずいることに気づかされた。私たちはNPOとして、特に中堅・中小企業の経営者を発掘し顕彰するだけでなく、これら優れた環境力ある経営者の存在と行動をできるだけ多くの人に知ってもらい、日本の企業社会全体の「環境力」の底上げに繋がれば、日本社会の持続性向上にも繋がり、従業員のやる気や誇りの高揚、また新入社員のリクルートにも資すると考えるようになった。

そこで、環境文明21内に研究会を設置し、十数人の会員と一緒に、改めて上記五つの要素を持つ経営者の資質を時間をかけて検討した結果、21世紀の社会をリードする経営者の資質として、表5-4-1の12項目が必要であるということになった。

またこの12項目と先に説明した先見性など五つの要素を、企業に適応させた場合の体系図を図Mのように示した。

表5-4-1　21世紀の社会をリードする経営者の資質

●情報を公開し、公正な経営に率先して取り組む勇気
●100年先を見通した中長期的な企業価値を設定し、その価値を浸透させる情熱と達成する戦略性
●国内外の時代の潮流を洞察し、先取りする力
●他社とも協働して、社会に対する責任を果たそうとする意志
●地域社会との交流を大切にし、その伝統や文化を尊重する意思
●経済と環境を一体化しようとする意志
●働くことの価値を認め、自社で働く全ての人々の働く意欲を高める力
●事業を大きくしすぎない勇気
●科学を理解し、経営に活かす力
●技術動向を常に把握し、経営の発展に繋げる力
●人知の及ばない大いなるものへの畏敬の念
●NPOを含む全てのステークホルダーとコミュニケーションを取る力

（認定NPO法人環境文明21作成）

私たち「環境文明21」は、2008年度に経営者「環境力」大賞事業を立ち上げた。NPOが、優れた経営者を表彰するというのは、ある意味誠に僭越なことではあるが、日本の企業、特に中堅・中小企業の環境経営を推進するのに一役買いたいとの思いからであった。当初の3年間は地球環境基金の助成を受けてこの事業を進めたが、その後2018年度までは日刊工業新聞社の共催を受け、2019年度からは環境省の後援も受けて、これまで12回、経営者の顕彰を続けている。大賞を受賞した経営者の累計は71人、業種も製造業、建設業、廃棄物処理・リサイクル

図M　企業の環境力

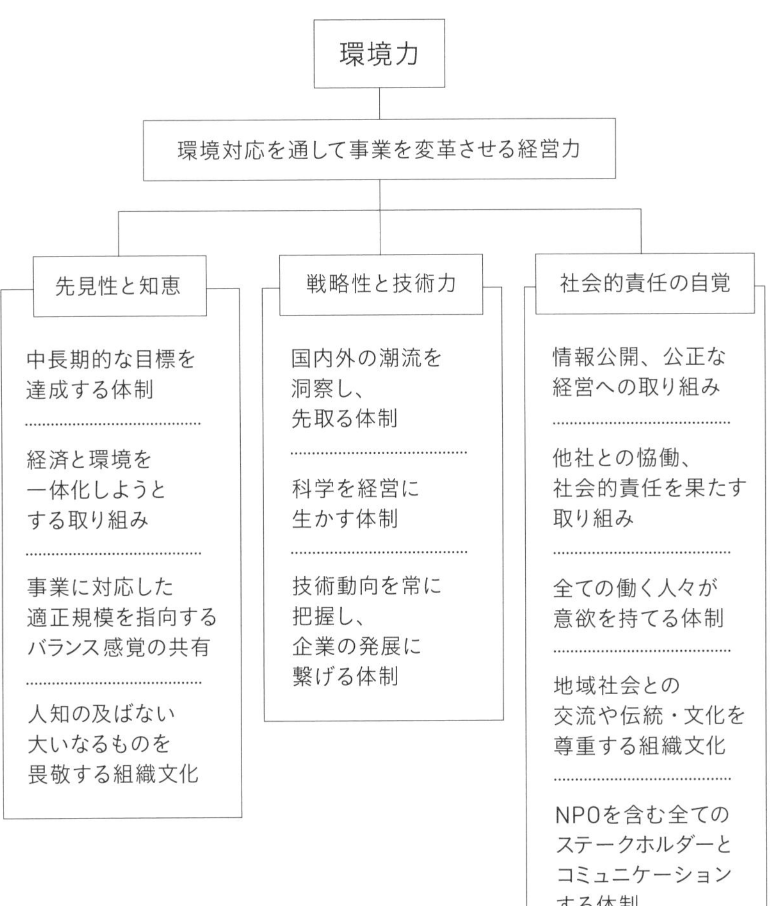

（認定NPO法人環境文明21作成）

業、金融等サービス業など多彩だ。

この大賞の特色は、前述の12項目について、経営者自らが見識や経験に基づいて5段階で自己評価し、その理由を添えて応募してもらい、環境文明21の中に設置した審査委員会において決定することである。自己評価がスタートというのが一番の特徴だが、極めて多忙な経営者にとっては、これが難関であるという声も聞かれる。しかし一方で、これら12項目に向き合うことによって、経営者として自らを見つめ直すよい機会になったという話も参加者からいただいている。

受賞者は毎年2月に実施している顕彰式（公開）において、「私の環境力」についてスピーチをするほか、環境文明21の会報『環境と文明』でも、「環境力ある経営」についての考えをご披露いただいている。経営者の知恵や工夫が読み取れるので、私は毎回楽しく読み、参考にさせてもらっている。

私の観察によると、環境力ある経営者の特徴は、次の四つに分類できる。それは、①ユニークな発想や独特の経営哲学、②本業を通しての環境改善、③従業員や地域社会を大切にする、④CSR、SDGs、ESG投資などの国際的な潮流に同調しながらの自己向上、である。以下、おのおのについて具体的にどんな理念や発言になっているのか、紙面の都合もあり、それぞれ数例についてポイントを紹介する。詳しく知りたい方は、環境文明21のウェブサイト[1]をご覧いただきたい。

まず①のユニークさや独特の発想、経営哲学について、広島市の産業廃棄物処理業のカンサイの川本義勝社長（現・会長）の発想は常に時代の一歩先を行く。例えば、広い農地を手に入れて「きなり村」と称し、自己完結な空間の場として未来志向的な環境を創り、人はそこで楽しんだり、アート活動をしたりすることを構想している。一方、後継者の川本義二現社長は、環境力ある社員の育成に注力し、社員全員の物心両面の幸せを願って、会長とは異なる方法で自社の持続性の強化を図っている。

学生時代から自然エネルギー利用に興味を持ち、森林に入って手入れ

1 経営者「環境力」大賞受賞者一覧　http://www.kanbun.org/kankyouryokutaisyou/links.html

をしていた森のエネルギー研究所の大場龍夫社長は、人間が介在することで自然がより豊かになる姿を目指して、社員と頑張っている。森の恵みを活かすには50〜100年の時間がかかるが、「本来の経済活動とはこのような活動をいうのではないでしょうか。単にその場限りで儲かればよいというビジネスをどんなに無数に集めてみても、未来は拓かれるものではないと思います」と森林との付き合いから得た哲学を静かに語っている。

また、ビル内の空調用フィルターを洗浄再生させて大幅な省エネと省資源をもたらしたユニパックの松江昭彦社長は、「私のロマンは、無数にあるビル一つ一つが『省エネの棚田に育つ』という構想です。例えば、屋上緑化には小松菜・亀戸大根・滝野川ゴボウ等の江戸野菜を栽培し、空調用室外機で小型風力発電をする等々の様々な小さな省エネの集合体としての『省エネの棚田』です」というロマンを抱いて、社員ともども飛び回っている。

もう一人、横浜市の石井造園の石井直樹社長は、造園工事業は「モノづくり建設業」という環境産業であると捉え、「特にエネルギー、天候を伴う環境、教育、やりがいのある仕事が正当に評価されること、資材の調達と製品の有効活用などに注意して経営」している。この理念から、例えば、中高大学生に対しての職場体験やインターンシップ等キャリア教育の実施、小中学生への環境出前授業、シニア向けの生涯学習としての剪定・盆栽教室等、教育全般にわたる活動などでの地域社会への貢献も忘れない。

②の本業を通しての環境改善について、大阪の産業廃棄物処理業である近畿環境興産の田中正敏社長（現在は会社名と肩書きが変わり、リマテックホールディングス会長）は、当時、産廃処理業は社会から不透明でダーティーなイメージで見られがちであったのを払拭すべく、1999年に業界ではいち早くISO14001を取得するだけでなく、経営理念・方針、環

境方針、環境パフォーマンスデータ等をありのまま公開した本格的な「環境報告書」を業界で最初に作成し、また社内の人材育成にも努めるなど、本業で環境改善に貢献するポリシーを徹底的に貫いた。後継の田中靖訓社長は、それをグローバルに展開している。

東京都青梅市の武州工業の林英夫社長（現・会長）も、徹底的に本業にこだわり、ものづくりを通して環境に貢献することを考えている。製品（自動車や医療機器などの部品）の「作り方」を工夫し、独自の「セル生産方式」により、環境・品質・安全衛生・5S(整理、整頓、清掃、清潔、しつけ)・就業時間短縮・男女の雇用・障がい者雇用などを実行している。林社長は、「環境に優しくと大上段に構えるのではなく、自分たちのできることから少しずつ継続的改善を進めて、ステップアップしていくことが、環境に優しい企業に繋がっていく」と力強く語っている。

フロン類を使用して冷凍空調設備工事業を営んでいた東海サーモエンジニアリングの鳥波益男社長は、フロン類によるオゾン層の破壊を知って衝撃を受け、94年に静岡県内の同業者とフロン回収事業協会を立ち上げたのを皮切りに、全国にも輪を拡げた。その後、代替フロンが温暖化に悪さをしているので、これの回収・破壊にも奔走している。本業そのものを厳しく見つめ、そのグリーン化に大貢献している。

③の従業員や地域社会を大切に思う気持ちは、受賞したほとんどの経営者に共通に見られる。機械工具商社である京都市の三共精機の石川武社長（現・会長）は、企業の性格上、自社で何かやるよりは、顧客企業に環境に優しい生産をしてもらう方が影響は大きく、それが自社の事業成長にも繋がると考え、「環境商品販売」、「工具のリサイクルのための回収」などを通して、商社業を「モノづくりの課題解決業」と捉えている。同社の「介在価値」の発信が「本業」の意味だと、石川社長は説明している。さらに、このような「本業」を充実させる観点からも、社員教育のほか、留学生、高齢者、障がい者雇用、国際インターンシップの

実施などに力を入れている。

新しい未来を顧客と共に創っていく「イノベーションカンパニー」になることを目指しているのは、東京の協立機電工業の蘆田健司社長である。会社が70周年を迎えたのを機に、社員の勤務環境を良化するため、サテライトオフィスの設置、テレワーク導入、男女共に勤務時の服装自由化、連続5日の年次休暇制度の導入、夏には整体師を招いて社内でマッサージを受けられるようにするなどの取り組みを自ら導入しており、社員からも好評を得ていると蘆田社長は語っている。

一方、群馬県北群馬を中心に、がけ崩れや落石の恐れのある急斜面をコンクリートや金網で被覆する法面保護工事や斜面を植物で緑化する法面緑化工事を専業としている上毛緑産工業の高橋範行社長の場合は、先代で実父の経営理念が環境力の源泉であるという。それは「郷土愛」と創意工夫・研究開発の精神である。子どもたちへの伝統文化の継承のため仲間と協働で山車を造ったり、人間形成を担う武士道鍛錬の道場を提供するなど郷土愛に情熱を注ぐ一方、社業では社是の基となる「省資源・省エネに資する独自の企業活動を目指す」を心がけ、“ピンチはチャンス”を口癖に、昼夜を問わず創意工夫や研究開発に没頭していた実父から学んだことを継承している。実は私は、実父・廣司氏を存じ上げており、その兄上で、第1回経営者「環境力」大賞を受賞された株式会社高特の故・高橋房雄会長と共に、地域社会への貢献活動に尽力されていた姿も拝見しているので、範行社長が言われることがよく理解できる。

最後に④の国際的な潮流への同調についても多くの受賞者が留意しているが、横浜の大川印刷の大川哲郎社長の場合は、それを積極的に活用しているのが印象的である。大川印刷は文明開化期の横浜で創業した老舗の印刷会社だが、環境への取り組みに注力し始めたのは1990年代後半、ISO14001などの環境経営に取り組み始め、日本でCSR（企業の社会的責任）という横文字を目にするようになった2003年頃からは、社会に良いことを積極的に推進し、社会に必要とされる企業を目指し「ソーシャル・プリンティング・カンパニー」というビジョンを掲げた。中小企業の場合、社長一人が納得しても、従業員が取り残されることがよくあるが、大川印刷では、パートを含む全従業員がこのビジョンの意味を理解し、一人一人が何をなすべきかを考えて主体的に取り組み、大きな成果を挙げているという。2015年にはSDGsとパリ協定が国連を舞台に登場するが、このときも大川社長はSDGsの意味を全従業員と共に理解し、会社としてできること、すべきことにいち早く取り組んでいる。そんな実績もあって、大川社長は、今や中小企業におけるSDGsの伝道師的役割も果たして大活躍している。

以上、環境文明21の経営者「環境力」大賞事業と数名の受賞者について紹介したが、この事業に対しては、受賞会員企業から支援をいただいている。特に、西武信用金庫については、前理事長が受賞したのを機に、髙橋一朗現理事長がこの事業に対する理解を深め、地域の環境力ある経営者の発掘や資金面での支援もいただいている。

また、経営者「環境力」大賞受賞者の有志が2014年に、経営者「環境力」クラブを組織し、環境政策に関する国や国際社会の最新の動きを共有したり、勉強会や会社見学などを年に2回程度開催している。最近は、気候変動に関する科学界（IPCC）の動きのほか、個別有志企業におけるCO_2発生量や対策経費の推計方法などの勉強を、国立環境研究所の増井利彦統合環境経済研究室長の熱心な指導・協力を得て、実施している。

このように、今はまだ少数だが、遠からず日本の各地で経営者の「環境力」が大きく花開き、日本の産業を支える大きな力になるものと確信している。

第6部

「環境立国」を今一度

環境の危機が1－2で述べたように深刻であるということは、その危機を克服し、持続可能な社会をつくるための事業への要求は急速に大きくなることを意味する。実際、環境省がとりまとめている環境産業（廃棄物処理・資源有効利用、地球温暖化対策、環境汚染防止、自然環境保全）の国内市場規模調査（2020年7月発表）によると、2010年以降順調に伸びており、直近の2018年度においては、事業規模は105兆3200億円であり、雇用も261万人となっているという。環境省の見通しでは、規模はさらに拡大し、2050年には133兆5000億円程度になる見込みとのこと。しかもその事業は広範で長期に及ぶ。ビジネスとして見れば、大きな需要があり、チャンスは至る所にある。

日本はかつて、厳しい産業公害を克服し、省エネに大きな成果を挙げた誇るべき経験を持ち、それ故、多くの国民が「環境立国」を支持した時期もあった。しかし不幸にして、その後の政府の政策の歪みにより、その期待は実らず消えたが、日本国内に蓄積されている文化的、産業技術的、政策的ポテンシャルは今なお大きい。先進国の一員として、危機に瀕している世界に対する責任、そして将来世代へ希望の灯りを継承する責務を有する者として、「環境文明」社会を道しるべとして、今一度、「環境立国」に立ち上がるべきことを訴えたい。

6-1 忘れられた「21世紀環境立国戦略」

今、日本で人々に、日本が世界に向かって誇れる産業技術やサービス・製品は何かと質問したら、どんな答えが返ってくるだろうか。燃料電池車？ ロボット技術？ 量子コンピューター？ それともおもてなしの心や古い日本文化を背景にした観光ビジネス？ いろいろと候補は挙がっても、私にはこれだという確たるものは思い浮かばない。

しかし同じ問いを20年前にしたら、きっと多くの人が、公害対策技術、省エネ技術、あるいはハイブリッド自動車などを容易に名指しできたのではなかろうか。何しろ1970～90年代までは、世界のプロ筋も文句なしに感心した環境技術が、日本には取り揃っていたのだから。そんなことを背景に、「日本は環境技術をお家芸にして、これで稼いでいく」という思いを込めて、「環境立国」という言葉が、当時はごく自然に人の口の端に上っていたと私は記憶している。その「環境立国」という言葉を今はほとんど耳にしなくなった。

しかし「21世紀環境立国戦略」なるものを、13年前、第一次安倍晋三内閣（2006年9月～2007年9月）が策定していたのである。これをご記憶の人は、今は多分ほとんどいないのではなかろうか。もしかしたら、安倍前首相ご自身もすっかり忘れていたのではなかろうか。実は私自身もほとんど忘れかけていたが、アベノミクスを掲げて2012年12月に再登場した第二次安倍内閣は、何年経っても環境政策にまともに取り組んでいるとはまるで思えず、第一次内閣の時はどうだったかと思い返しているうちに、こんな「戦略」を2007年6月に閣議決定していたことを思い出したというわけだ。

なぜ、この環境立国戦略がその名にふさわしいものにならなかったかの背景を私なりに考えてみると、そもそも、その年の6月にドイツで先進国首脳会議（サミット）がメルケル議長の下で開催され、その場で気候変動政策が主要議題となることが知られていたので、首脳会議初参加の安倍首相の手持ち政策として用意されたというのが実情だろう。ただ、第一次安倍内閣は短命で終わってしまったため、この戦略に基づく対策はほとんど実らないまま忘れられてしまったといっても過言ではなかろう。

それから8年たった2015年に、日本の温室効果ガス削減目標を電源のベストミックスと共に安倍内閣が決めたが、これも前回と同様、ドイツで開催される先進国首脳会議では、その年の12月にパリで開催予定の国連気候会議（COP21）に向けて、先進国の足並みを前向きに揃えるための議論が行われることとなっており、その準備としての安倍首相の手持ちカードであり、前回と同じパターンとなっている。つまり、温暖化対策の必要性、重要性を政府内で徹底して議論した結果というよりは、前回同様、サミットでの議論を何とかこなす持ち駒として用意されたと私には思えてならない。

しかし動機はどうであれ、この「21世紀環境立国戦略」は、閣議決定しただけあって、今見直してみても、それなりの認識がしっかり表明されている。すなわち、「人間活動から生ずる環境負荷が地球規模にまで拡大した結果、環境の容量を超え、地球生態系の精妙な均衡が崩れつつあると言えます。さらに途上国での人口増と経済成長を背景に、環境への負荷が一層増大していく恐れがあります」と述べ、地球には地球温暖化の危機、資源浪費による危機、生態系の危機という三つの危機があり、これは「人間の安全保障の問題とも密接に関連した人類が直面する最大の試練である」と言明している。そして、このような危機に対して日本は低炭素社会、循環型社会、自然共生社会を今後形成し、地球生態系と共生して持続的に成長・発展する持続可能な社会を実現すると表明している。その上で、すぐにでも重点的に着手すべき8つの戦略を掲げているが、その第一は「気候変動問題の克服に向けた国際的リーダーシップ」となっている。

このように、第一次安倍内閣が策定した環境立国戦略では、いの一番に気候変動問題に関する国際的リーダーシップの確立を据えていたが、その後この戦略が政府内でどうなったかが問題である。安倍内閣の後に福田、麻生内閣がほぼ1年ずつ続き、そのあとに民主党政権が3年余続いて、2012年に安倍政権が再登場したが、第一次内閣で構想した「環境立国戦略」については、その後は全くお呼びではない。それでは、日本の気候政策は国際社会ではどう受け止められていたかを見ると、残念ながらリーダーシップどころか、ずるずると後退してしまい、日本が「環境立国」を高く掲げていたことなど、今は誰も思い出しもしない状況に立ち至っている。

ところでヨーロッパを中心に活躍している「ジャーマンウォッチ」というNGOをご存じだろうか。この団体は、ボンに本拠を置くシンクタンクで、設立は1991年。モットーは“観察し、分析し、行動する”ことで、北側先進国の政治・経済とそれが世界に与える影響に焦点を当てて調査研究をしている。この団体は気候変動対策の国別ランキングを毎年発表しているが、私がそれを知ったのは日本の新聞記事を見た2015年のことであった。そのジャーマンウォッチの2015年版ランキングでは、調査した主要国58国中、何と日本は50位となっていた。その頃、日本国内では、世界に冠たる環境対策技術先進国、省エネはトップクラスで、乾いた雑巾のようにいくら絞っても何も出ないと財界筋から言われ続けていた中で、この50位という順位は、私を含め多くの日本人には信じがたく思われた。総合得点で日本より上位にいた国には、デンマーク、スウェーデン、英国など欧州勢だけでなく、ブラジル、トルコ、米国、中国、マレーシアなどが含まれていたのを見ると、意外というより納得できない方が多くいたのではないだろうか。

このような結果を見ると、ジャーマンウォッチは偏った団体で、公平に分析していないのではないかと思われても不思議ではないだろう。したがって、日本の政策当局者や産業界の幹部は、この評価を全く無視して見ないことにし、国内では話題にすらしないということのようだった（第二次世界大戦の際も、ミッドウェー大海戦の劇的大敗北はじめ、不利な情報はなかったことにするのが、日本の権力者の得意技なのか？）。実際、私自身も、新聞の記事で日本の格付けを見たとき、これは何かの間違いだと思い、早速ジャーマンウォッチのホームページに当たってそれが間違いではないことを知り、驚いたことを記憶している。それ以来、ここのデータを注意深く見ている（注：この国別ランキングは正確に言えば、ジャーマンウォッチとCAN EuropeなどのNGOとの共同作成だが、通常メディア等ではジャーマンウォッチの格付けとして紹介されるので、それに倣う。ちなみに最新版は2020年で、日本のランクは58カ国・地域中、第48位と今も最下位グループにある）。

ところで、そのランク付けの評点をどうつけているのかはもちろん重要なポイントであるので、ごく簡単に説明しておこう。評点の付け方・ウエートの置き方は時の変化により修正しているが、2015年版では、一人当たりの排出量（森林破壊からの発生量も含まれる）など排出レベルに30％の配点、電力、製造業など分野別の排出量の変化に30％、省エネの効率レベルに10％、再生可能エネルギーに10％、残りの20％は約300人の専門家からの各国の国内及び国際的な気候変動政策に対する評価となっている（注：2020年版では、パリ協定の義務目標である「2℃以下」に向けての削減対策等が重視されている）。

ジャーマンウォッチ以外にも、日本を含む各国の実力や政策を評価している団体や専門家はたくさんある。日本のメディアでもよく取り挙げられるものに、温暖化防止の国際交渉会議（いわゆるCOP）の度に、対策に前向き姿勢を見せない国に対して世界のNGOネットワークが会期中に出す「化石賞」という不名誉な賞がある。残念ながら日本はその化石賞の常連だ。2019年のCOP25に出席した小泉進次郎環境大臣も悔しい思いをし、奮起したようだが、この賞も間違いなく国際世論の一つの表れである。

このように見てくると、第一次安倍内閣の「環境立国」戦略は、その第一項の国際的リーダーシップのところからして、とっくにコケていたと言ってもよいだろう。なぜなら、国内でこそ、日本の温暖化対策は世界のトップクラスという神話がまだ一部では通用しているかもしれないが、国際世論ではこの神話は通用せず、裸にされて厳しく審査されているからであり、このことを理解すべきだ。日本がリーダーシップを本気で取るつもりなら、なぜ日本の評価が低いのか、その理由がどこにあるかを含め、不都合な真実にも正しく向き合い、対策本道に戻るしかない。

この問題は、国際社会における単なる「評判」には留まらない。日本がかつて自ら切り拓いた「環境技術先進国」という実像が、その後の政府の政策のあまりの乏しさ故に虚像となって、日本企業が本来持っている技術開発のポテンシャルも活かしきれていない。自動車業界のように国際市場で大きなビジネスをしている企業は、例えばカリフォルニア州の規制やEU規制の厳しさを痛感しているので、国内規制の有無に関わりなく、燃料電池車、電気自動車など環境技術開発に真剣に取り組んでいる。しかし総じて、今の日本の中では厳しい規制が求められていないので、技術の進歩や新しいビジネスの芽は、むしろ摘まれてしまっているという大きなデメリットを、今こそ認識すべきである。

2020年8月現在で、安倍政権が2030年に向けて掲げている温室効果ガス排出26%の削減（対2013年比）という目標は、パリ協定成立以前に定めたもので、それを少しも改善しないまま持ち続けてきた。他の先進国（トランプ政権を除き、アメリカの心ある州や自治体を含め）と比べて格段に甘い削減目標では、日本の技術が持っているポテンシャルから見れば大きな技術革新は促されないと、温暖化対策に前向きな企業関係者は苦々しく思っているに違いない。実際、日本の大企業の環境対策担当者と話をすると、EUやカリフォルニア州などの規制基準値のことばかり気にしていて、日本の基準などおよそ話題にすらならない。私が若い時には、日本の厳しい基準をクリアすることに、技術者は奮い立って生きいきと挑戦していたのとは正反対だ。日本の環境省もなめられたものだと残念でならない。省エネにしても、再生可能エネルギーにしても、日本は本来もっとできるはずなのに、安倍内閣は短期的な経済配慮からか、原子力や石炭火力を使いたい一心で、先進国としての責任もプライドもかなぐり捨て、目標を不当にも弛めに設定していたことは明らかだ。

これは短期的には電力・製鉄など一部のエネルギー多消費企業には多少の利益をもたらすかもしれないが、気候変動が一層厳しくなる21世紀の産業全体の構図で見れば、日本は明らかに後れを取ってしまう。まさに第二次安倍政権の下での環境政策が、環境立国どころか、日本社会全体のポテンシャルを存分に活かしきれない状況を作り出している。これは、環境保全のためだけでなく、日本でグリーン経済やグリーンな技術を育てる面からも残念としか言いようがない。5－4において、日本の中堅・中小企業の「環境力」ある経営者を紹介したのも、彼らの頑張りを伝えたかったからである。

私は第二次安倍政権下の環境政策は、足元の経済利益に屈伏していたと評している。小泉環境大臣は石炭火力発電の抑制やパリ協定に向けた日本の削減目標の強化等それなりに頑張っていたようだが、まだ目が覚めるような結果は出ていない。

6-2「環境立国」のポテンシャル

(1)「環境文明」を羅針盤に広範な運動

日本のこれまで150年ほどの近代化への歩みを振り返ってみると、バラバラになりがちなその時々の国民をリードし、奮い立たせた巧みな旗印がいくつもあったことに気づく。

アジア・アフリカなどで植民地化を競い合い、清朝の中国をも武力で屈伏させた欧米列強を前にした徳川政権下の「尊王攘夷」や、明治新政府の「文明開化」、「富国強兵」、「殖産興業」、また第二次世界大戦後の荒廃した日本を立ち直らせた「経済復興」、高度成長時代の「所得倍増」やその後の「列島改造」などは、善かれ悪しかれ、国の方向性に大きなインパクトを与えたスローガンであったと思う。

しからば2020年の日本、政治的にも経済的にも様々な困難を抱え、短期的にはコロナ危機、中長期的には環境の危機に見舞われる日本にとって、目指すべき社会像を端的に表現する旗印は何がよいだろうか。私は、それは「環境立国」がよいのではと考えている。それでも読者諸氏からは、「環境」ではあまりに狭いのではとのリアクションがあるかもしれない。それは「環境立国」というとすぐに、省エネ技術の開発とか、燃料電池車の普及、さらには大気中CO_2の吸収技術など、もっぱら環境対策技術で国を立てていこうとしていると狭く捉えられてしまうからかもしれない。しかし私の考える「環境立国」は、第3部でも記述した環境を主軸に据えた新しい経済社会を実現しようとする運動であって、憲法改正、経済や技術のグリーン化、教育の改革、市民(特に女性)の参加を制度的に保証するなど、極めて広範な活動を、様々な職種の人々や若者・学生など(一部の政治家、官僚、企業人、大学人などでなく)の自主的、積極的な参加を求め、日本の国を再起しようとする一大運動のつもりである。

「環境立国」を実現しようとすると、どんな分野の人々を巻き込むことになるか、いや参加を促すことになるかを、もう少し具体的に、代表的な政策項目を順不同で並べて見てみよう。

- エネルギー転換（化石燃料から再生エネへ、集中から分散へ、地産地消重視など）
- 農林・水産業の活性化（地域の伝統的な生活文化を守りながら、食料自給率をせめて60％へ。世界の人口増加と気象異変や世界的生産の不安定化への対応を含む。各種植物（食物）工場など）
- 生物の積極的保護（森林の育成、動物種の生育環境の保護を地域住民、青少年などと取り組むほか、希少動植物の輸出入規制・管理なども含む）
- 移動手段のグリーン化（鉄道、自動車、船舶、航空機などの動力のグリーン化。歩道、緑道、自転車専用道などの整備）
- 保健・医療の強化（人材、保険、医療器具、検疫など）
- 教育の抜本的改革（学校、職場、社会での教育全般の改革など）
- 市民、特に女性の社会参加（選挙重視、女性議員の数の確保、NPO／NGOの基盤強化など）
- 働き方、労働者保護の改革（非正規雇用者の権利強化、職業教育の強化、テレワークの環境整備など）
- 技術アセスメントの強化（法制化・審査体制の強化、特許の改善など）
- 国土づくり・まちづくりの改変（東京集中の是正、地方都市でのテレワークなどデジタル化への対応、市民教育の拡充、異常気象対応・適応、防災強化など）
- 化学物質管理（農薬・環境ホルモンの影響調査、プラスチックの規制強化など）
- スポーツ・観光・文化・芸術・芸能の振興
- 金融・税制（ESG投資、グリーンボンド、環境税導入など）

以上のリストは、とりあえず私の頭に思い浮かんだことを並べたもので、主な事項に過ぎず、完璧なものではないが、私の考える「環境立国」のイメージとしてご理解いただければ嬉しい（もう少し具体的なリストを見たい人は、4－2「経済のグリーン化」、4－3「技術のグリーン化」を見ていただきたい）。これを見ても、環境立国運動には環境専門家だけでなく、ほとんど全ての職種の人の参加が環境立国づくりには求められることをご理解いただけると思う。

(2) 文化的ポテンシャル

私は若い時から、日本人が公害問題や地球環境問題に立ち向かうポテンシャルはとても高い、つまり日本人には向いていると思ってきた。1970年代以降、高度経済成長時代あたりからは、物の豊かさや便利さの魅力にかなり引っ張られ、日本人が本来持っていた自然への親和性、美への憧憬や愛着、人との調和などの伝統的知恵が、日本人の日常生活の表面からは失われ、経済重視だけに走っていると思われる時がないわけではない。今回のコロナ危機の際でも、店頭からマスクやトイレットペーパーが突然消えたことなどは、自分だけ良ければが露骨であり、とても“美しい行為”とは思えないと私も思う。

しかしそんな時でも、一般の新聞紙面に目を通すと、俳句、和歌、川柳など普通の人の日常の心象風景を過不足なく表現している多数の短詩歌が、毎日のようにどこかの新聞で大きなスペースをとって掲載されている。これなど、8世紀に万葉集を編纂した人と、そこに歌を寄せた人々の自然や人事を愛した心に今も通じる、一大文化的ムーブメントではなかろうか。この心こそ、壊れゆく自然環境を悼み、あるいは保護や美化に立ち向かう、普通の、多くの日本人の優しい心情を如実に示す日々の出来事と私は考えている。

これに似たもう一つの事例がある。それは本書の出版元であり、雑誌『プレジデント』などを発行しているプレジデント社が、1994年から民間企業の協賛を得て開始した「環境フォト・コンテスト－写真が語るエコロジー」への応募写真の多さと質の高さである。この写真コンテストの特徴は、協賛社が各社の理念や関心事などに沿ったテーマ、例えば「地球のめぐみ」、「森と生きる、森と歩む」、「環境色彩」などを掲げ、そのテーマを表現した写真をカメラ愛好家たちが応募して出来映えを競うというもの。私は初回から27年にわたって審査委員長として今も審査に当たっているが、毎回寄せられる作品の多さに驚くと共に、これこそ日本人の自然環境への関心や愛情の深さと広さの現れではないかと、敬意を表している。

このような身近な事例から見ても、日本人が環境立国を論ずる文化的基盤（ポテンシャル）は十分にあると言える。

（3）技術的ポテンシャル

日本人の環境関連技術の開発・普及のポテンシャルは決して低くない。しかし今現在だけ見ると、環境技術開発の多くは中国、韓国、欧米などの企業にかなり後れを取っているのも事実だ。しかしそれは日本政府の環境政策のあまりの後ろ向き姿勢が引き起こした失敗であって、日本人の技術ポテンシャルを適正に発揮させない政策を10年ほど取っていたために生じた失政に過ぎない。

例えば、環境関連技術の代表として、再生可能エネルギー分野に注目してみよう。主要技術である太陽光発電を取ってみると、世界で最初に商品化に成功したのは当時のシャープ、京セラ、三洋電機などの日本企業であり、政策的な支援もあったので、一昔前までのマーケットは、これら企業の独壇場の観があった。それなのに、政府は東電、関電などの大手電力会社の、化石燃料や原子力により電気は大規模集中型で作るべし、の政策に歩み寄って、光、風、水などの自然なエネルギーを活用する将来の発電技術の芽を自ら潰してしまった、としか私には思えない。風力発電も、日本はかなり早くから三菱重工、日立、荏原製作所などが手がけていたが、これも先程と同じ理由で政府自ら芽を摘んでしまったので、日本の企業がトップランナーとはなっていない。しかし、三菱重工はデンマークのベスタス社と半々の出資でMHIベスタス社を立ち上げ、今後、相当な伸びが期待される洋上風力発電に注力しようとしている。風力発電では、日本独特の気象条件下のメンテナンス作業は、地震、台風、雷などの自然現象が特に厳しいが故に、この技術の優劣が発電の運転効率を大いに左右するということである。愚かしいエネルギー政策の下でも必死に頑張っている日本人技術者や企業家の姿が、私には思い浮かぶ。

この環境危機の時代に、少し先を見てどんな技術や製品・サービスが必要になるのかを見極め、そこに企業の活力を誘導するのが政府の仕事であるはずなのに、安倍政権のエネルギー・環境政策はほとんど真逆であり、未だに石炭火力や原子力発電温存政策をとっていた。

このような政策姿勢は、一部の既得権益を有する人々には受けるかもしれないが、前を向いて進もうとしている多くの日本企業や技術者にとってはマイナスである。少なくとも十数年前までは世界のトップ技術を持っていた日本企業の技術開発のポテンシャルが、全く失われてしまったとは思えない。政策によろしきを得れば、環境技術は立派に蘇生すると私は考えている。

(4) 政策形成のポテンシャル

日本が環境立国を掲げて前に進もうとした場合、それに向けて適切な政策を形成する能力があるだろうかと心配する人もいるかと思うが、私は次のような条件をしっかり確保できれば、問題なく可能だと考えている。

その条件とは、「4－5『片肺政治』を改める」及び「5－3市民の政治力を高める」で述べたので繰り返さないが、要は、今日のように政・官・財の一部の利害関係者で政策の方向性を決めている「片肺飛行」システムを改め、できるだけ幅広いステークホルダー（NPO／NGOメンバーを含め）が参加し、透明性を確保して検討するようになれば、現在よりははるかに良い政策づくりが可能であると考える。こう言うと、東大法学部出身の優秀な経産省の官僚がやっても日本は浮上しなかったのだから、NPOだの女性や若者を交えていくら議論しても良くなるはずはない、とお考えになる人も少なくないかもしれないが、私はそうとは思わない。むしろ、彼らに任せたから衰退したのだとは考えられないだろうか。ヨーロッパの動きを見ていると、日本の政治（もちろん野党にも責任はある）はダイナミックな展開もなく、まるで下手な田舎芝居を見せられている気がする

私がこう考えるのには、多少の理由がある。それは先の大戦だ。陸軍士官学校や海軍兵学校出身の学校秀才たちが権力の側に立って権力を利用しながら暴走すると、国を滅ぼす例もあるのだ。要は、多様な見方や経験をどのくらい政策課題の解決策の中に現実的に取り込めるかが真のリーダーシップであり、日本の浮沈はそこにかかっていると言っても過言ではないと考えている。そして、そのためにはリオ宣言の第10原則（182頁参照）を制度化しておくことは望ましい。といっても、制度化や、まして憲法改正にはかなりの月日が必要と思うので、完全に制度化できなくても、まずはできる範囲で女性や若者など市民の参加を確保して検討すれば、環境立国のため望ましい政策を十分に提案できると確信している。

6-3 希望は女性や若者の主体的な参加

本書の中でも繰り返し述べてきたように、私は若い時から公害や地球環境の劣化と闘ってきた。そのうち27年余の公務員時代は、今振り返ってみれば、ほぼ「男社会」で生きてきて、NGO／NPO生活になって藤村コノヱさんなど女性とも仕事するようになっても、最初の十数年くらいは私がリーダーとして引っ張っていたので、気分は男社会の延長線上にいたように思う。殊更「男性」を意識していたわけではなかったが、それが私にとってはごく自然のように思っていたのである。

その私が少しずつ意識を変え始めたのは、NPO仲間と仕事をしていると、少なくとも環境分野では優れたリーダーに女性が多いことに気がつき始めたからである。その反面、特にエネルギー・環境分野で役所や大企業の人たちと議論をすると、数の上では男性優位であるが、型にはまった議論、責任回避のための防護、あるいは対策を取れない理由を次々に述べ立てることが多く、結局何も前進しないことにしばしば遭遇した。そんな場面で、よく藤村コノヱさんは“だから男はダメなのよ”と皮肉っていたが、その意味が少しずつ私も理解できるようになってきた。

そんな思いで周辺を見回してみると、確かに環境分野を引っ張ってきたリーダーに女性が多い。多分その理由は、生命や生活に直接関わる部分の多い「環境」は、生命を生み出し育む女性の生理にも合致し、それ故に平和を尊ぶ女性の生得の価値感覚に無理なく繋がるのかもしれない、と思うようになった。

女性と環境といっても様々な分野や場面があるが、私にとって思想面でまず思い浮かぶのは、米国の海洋生物学者であり作家でもあるレイチェル・カーソン（1907～64年）と、水俣病患者の苦悩を『苦海浄土』

などで見事に表現した石牟礼道子（1927～2018年）のお二人である。
このお二人については、既にたくさんの自著や評論が出ているので、ここで詳しくは語らないが、彼女らが環境をどんな風に愛し捉えていたかの例を一つずつ紹介したい。

まずカーソンさんについては、彼女を深く敬愛し、その作品を日本に紹介することを通じてカーソンさんの志を広めることに努めている、レイチェル・カーソン日本協会の上遠恵子代表理事が、同協会10周年記念本に寄せた「心に生きるレイチェル・カーソン」の中で次のように述べている。
「レイチェル・カーソンの生命への畏敬に基づくすべての生命との共生という考え方は、彼女が生物学者として生態学を学び、やがて“エコロジー”の原点ともいわれる著作『沈黙の春』へと続いていく道筋の基礎になっています。ごく自然に海辺の生き物を書き、深海に住む魚や内陸の池から遙か遠くの海へ帰るウナギの神秘的な旅路をあたかも自分が辿っているかのように描きます。そこには、知識が先行する押しつけがましさがなく彼らへの深い愛情が感じられるのですが、それは大自然のなかで育った幼い日の体験があると私は確信しています」。上遠さんと共に、私もカーソンさんには深い敬意を感じている。

場所は違えど、石牟礼道子さんも、ほぼ似たような体験を熊本県不知火海周辺で持っていると思える描写が名著『苦海浄土』の中の、坂上ゆきさんに関する「ゆき女きき書」の中にある。それは次のような、息も止まるような素晴らしい自然描写を通して、日本の近代産業が引き起こした自然破壊と水俣病患者の悲しみや無念さを静かに伝えているように私には思える。

「春から夏になれば海の中にもいろいろ花の咲く。うちたちの海はどんなにきれいかりよったな。
　海の中にも名所のあっとばい。『茶碗が鼻』に『はだか瀬』に『くろの瀬戸』『ししの島』。

ぐるっとまわればうちたちのなれた鼻でも、夏に入りかけの海は磯の香りのむんむんする。会社の臭いとはちがうばい。

海の水も流れよる。ふじ壺じゃの、いそぎんちゃくじゃの、海松じゃの、水のそろそろと流れてゆく先ざきに、いっぱい花をつけてゆれよるるよ。

わけても魚どんがうつくしか。いそぎんちゃくは菊の花の満開のごたる。海松は海の中の崖のとっかかりに、枝ぶりのよかとの段々をつくっとる。

ひじきは雪やなぎの花の枝ごとしとる。藻は竹の林のごたる。

海の底の景色も陸の上とおんなじに、春も秋も夏も冬もあっとばい。うちゃ、きっと海の底には龍宮のあるとおもうとる。夢んごてうつくしかもね。海に飽くちゅうこた、決してなかりよった」

このような文章は、多分、男性作家には書けないだろうと私には思える。

さて、このように書いてくると、特殊な文学的才能を持っていないと女性は活躍できないかと思われてしまうかもしれないが、そんなことは全くない。例えば、政治の分野では、女性医師でノルウェーの国会議員から同国の首相にもなり、環境分野での大仕事としては、「持続可能な開発 (Sustainable Development)」についての概念をきちっと世界に提示した国連の委員会を率い、『われら共通の未来 (Our Common Future)』をまとめたグロ・ハーレム・ブルントラントさんがいる。また環境問題の重要性を早くから訴えていた現役の政治家としては、アンゲラ・メルケル独首相もいる。日本にも、公害時代に国会議員として大活躍した土井たか子さん、また参議院議員を経て千葉県知事を務めた堂本暁子さん、同じく参議院議員から環境庁長官を務めた広中和歌子さん、環境学者から滋賀県知事となり、今は参議院議員の嘉田由紀子さんなどもいる。

NPO 法人を見ると、女性リーダーはたくさんいる。私のところの環境文明 21 の代表は藤村コノヱさん。滋賀県から出発し、今や全国的に

「菜の花プロジェクト」を精力的に展開しているのは藤井絢子さん。また気候の危機を強く訴え政策提言を続けている気候ネットワークの代表は浅岡美恵さん。同ネットワークの平田仁子さんは理事として、また桃井貴子さんは東京事務所長として、おのおの活躍している。化学物質分野では、ダイオキシン・環境ホルモン対策国民会議の代表理事の中下裕子さん、情報公開クリアリングハウス理事長の三木由希子さん、またNPOではないが、日本で最初のSRI（社会的責任投資）を手がけた株式会社グッド・バンカー社長の筑紫みずえさんといった具合である。

もちろん、私が女性に期待するのは、今挙げたようなリーダー的役割だけではない。普通の女性としての感覚や価値観を大切に持って、生命や暮らしの基盤である環境を護り、あるいは回復させるための活動に無理なく参加し、日本ではとかく男社会特有の議論で袋小路に迷い込むのを防ぐ役割も果たしつつ、女性の持つ前向きの活力で社会を前進させる役割を主体的に執ってほしいのだ。

スイスのシンクタンクで、毎年1月のダボス会議を主催している「世界経済フォーラム」は、世界各国の男女格差を測る「ジェンダー・ギャップ指標」を毎年公表しているが、その最新版（2020年版）によると、日本は2019年に続き153カ国中121位で、先進国の中で最もギャップが大きく、特に政治参加の分野で悪かったという（ちなみに米国53位、中国106位、韓国108位）。日本女性は男性に比べ能力が劣っているとは私は全く思わないので、これは男社会を前提とした諸制度を改善してこなかった結果と言える。多くの女性が、主体的に、積極的に、社会の一員としての責任を果たす習慣を早く身につけてほしいし、全ての生命の源である環境の分野は女性の役割を果たす格好の場だと私は思う。

どこの国でも、いつの時代でも、社会が未曾有の困難に遭遇し、右に行くべきか左に行くべきか悩み苦しんでいる時、果敢に立ち上がり、解決への道を切り拓く先頭に立つのは、多くの場合、志の高い若者である。

私の愛する日本の歴史に例を探せば、江戸幕末に日本が、組織力も軍事力も圧倒的に強力な英、米、仏、露などの欧米列強に開国を迫られる状況になった時、植民地化される危機を跳ね除けるためにまず立ち上がったのは、一群の若い下級武士や下級の公家たちだった。よく知られているように、1853年7月、「鎖国政策」を頑固に続けていた日本に、開国と通商とを求める米国大統領の国書を携えて黒船で浦賀沖に来航したペリー艦隊の要求に、どう対応すべきか迷った江戸幕閣のトップ、老中阿部正弘は、前例を破って国書の内容（英語→中国語→日本語に翻訳されたもの）を開示した上で、諸大名や旗本らの意見を求めた。

現代ならごく当たり前のプロセスだが、国政については、徳川家独裁に近い当時としては異例中の異例のやり方で、これを機に、それまで厳禁されていた外部からの政権への意見出しの途を開いた。この瞬間から、明治新政府が発足するまでの約15年間、日本はやれ「尊皇攘夷」だ、「安政の大獄」だ、「公武合体」だ、「薩長同盟」だ、などなど、我々に馴染みの幕末劇が激しく、またある時は多数の人が血を流しながら展開するのだが、今、私がここで問題にするのは、これら歴史舞台（1853年のペリー来航から翌54年3月の日米和親条約締結時頃）に登場し、活躍し始めた後の主役たちの年齢だ。年の順に並べてみると、勝海舟・31歳、岩倉具視・29歳、西郷隆盛・27歳、吉田松陰・24歳、大久保利通・24歳、坂本龍馬・19歳、福沢諭吉・19歳、高杉晋作・15歳といった具合だ。もちろん当時は厳格な身分制社会があり、高杉晋作を除きいずれも下級の武士や公家であった彼らがこの時点でいきなり主役やリーダーになったわけではないが、やがて大活躍する舞台がこの頃に用意された（実際、ほとんど無役で剣術と蘭学を学んでいた旗本の勝海舟は、阿部老中の意見公募に応募して、その卓見が注目され、それが出世の糸口になったという）。

私が柄にもなくこんな幕末ストーリーを語るのも、国や社会が本物の混迷や危機に陥った時、あらゆる障害にめげず、それを取り払って立ち上がるのは若者（もちろん女性を含め）だということを、身近な実例から説明したかったからだ。

しからば正真正銘の「環境の危機」の場合はどうであろうか。もちろん、若者の中には既に環境問題の重大さに気づき、力を出している人はいる。SOMPO環境財団の助成制度（CSOラーニング制度）を利用して環境文明21に毎年インターンとして学びに来る学生を見ていると、頼もしい若者は何人もいる。しかし問題は、その数が、少なくともこれまではあまりにも少ないのだ（もっとも大人だって、市民として環境問題に関わっている人は大人の全体数からみたらごくわずかだが）。

無い物ねだりだとよくNPO仲間から笑われるのだが、サッカー、野球、ラグビー、野外コンサートなどにはあれほどの数の若者たちが、お金と時間とエネルギーを使って押しかけ、熱中している様子を見ると、「あぁ、あの1%でもいいから、環境の勉強会や活動の現場に来てくれたらよいのだが……」とつい口に出てしまう。仲間からは、「スポーツ観戦などは、血湧き肉躍る楽しみがあり夢中になれるが、環境の危機じゃ暗い話ばかりで面白くもないから、若者なんか見向きもしませんよ」と言われてしまうが、そう言われても私は納得できないのだ。なぜか。

それは、今起こりつつある環境の危機の被害をまともに受ける世代は、間違いなく現在の若者と未だ生まれてきていない将来の子どもたちであるからだ。気候の危機はもう既に目に見えるようになり始めているが、これが人間社会全体に覆い被さるようになるには10～20年かかるとすれば、現在20歳の人だって、彼ないし彼女らのこれからの人生の多くの時間を、日本に居ようと海外に住んでいようと、またどんな職業に就いていようと、この危険と向き合って過ごすことになるのは確実と思われる。にもかかわらず、環境の危機などには見向きもせず、サッカーや野球などの観戦に明け暮れているように見える若者たちは何を考えているのかと、つい愚痴が口に出てしまう。「家が火事になろうとしているのに、こんなことをしていていいのですか？」と言いたくなるのである。そう言うと「何をしようが俺の自由ではないか。俺は火事だなどとは全く思っていないが、あなたがそう思うなら、自分で火を消せばよいではないか！」という批判があちこちから飛んでくるだろうが、それでも、私は止められない。

2018年夏に高校生であったスウェーデンの少女グレタさんは、これほどの気候の危機を前にしてもモタモタして結果を出せない大人社会の怠慢に我慢できなくなり、たった一人でスウェーデンの議会前で抗議活動を始めた。やがて多くの人の注目を集めるようになり、国連の総会やダボス会議など、大人の重要なフォーラムにも招かれて、抗議のスピーチをするようになっている。その中で彼女も、「私たちの共通の家である地球は今や火事になっているのに、大人たちはパニックにもならず、相変わらず経済成長とか金儲けの話ばかりしている。何たることですか」、と怒りを率直に大人社会にぶつけている。

このような彼女の言動に対し、大人社会からは厳しい批判も出ており（例えば「大学に入って経済学を勉強してから出直せ」など）、彼女の怒りを受け止めかねている場面も見られる。しかし私は彼女に共感・共鳴すると同時に、現代の日本の若者も、明治維新期の若者たちと同様、まず環境の現状を正しく見つめ、今まで日本の政府や産業界がとってきた政策効果を自ら評価し、若者として何をすべきか、何ができるかをじっくり検討して、今、少数ながら悪戦苦闘している日本のNPOなどと一緒に立ち上がってほしいのだ。大学3年生くらいの時から、授業はそっちのけでリクルートスーツを着て“就活”するのも必要かもしれないが、ある程度の数の学生がせめて自分たち世代以降の安全・安心を守る活動に立ち上がってくれるのを見たい、といつも心に願っている。

最後に、未だに私の心に深く残っている言葉を紹介したい。それは、アメリカの著名な経済学者であるガルブレイス・ハーバード大学名誉教授が、2003年の正月に、日本経済新聞社の「日本の再設計」というシリーズ企画（1月3日付）で最初の論者として登場して語った言葉だ。2003年というと、日本経済は90年代の初頭にバブルが大きくはじけ、当時エコノミストたちが「失われた10年」などと騒いでいた時に、日本の再設計について問われたガルブレイス教授は次のように答えた。
「日本はいま、リセッションという深刻な経済問題を抱えていると見なされている。それは政府や企業の緊縮予算にも表れているし、人々が仕事や借金返済について、前よりも深刻に考えていないことにも表れている。

だが、そこにはもっと深い意味があると思う。〈中略〉

戦後の日本は経済で世界を主導してきた。それよりもはるかに困難な仕事なのかもしれないが、今度は生活をより深く、より多彩に、より豊かに楽しむ点でも、日本にリーダーシップを取ってほしい。それが私の願いである」と。

私はこの文章を読んだ時、文字通り、我が意を得た思いとなり、この知恵の言葉は長いこと記憶に留まった。やはり偉い人は偉いことを言うと嬉しかった。

今の日本では、とかく「今だけ、金だけ、自分だけ」の方が楽しく生きられると思う人が多いと聞くことがあるが、それでは貧しい精神生活になってしまうのではないだろうか。

日本の多くの女性や若者が、環境の現実と向き合い、世界の人々と手を携え、より良い世界を次世代に伝える希望の仲間として、一緒に前進することを、心から願っている。その方向性は、今、著しく破壊されてしまった地球環境のこれ以上の悪化をまず止め、次いで、地域環境の健全さを取り戻して、次世代に継承することであり、その仕事場は、「環境立国」の中にある 、というのが、私の思いだ。

6-4 まとめ

●日本は今、コロナ危機だけでなく、気候危機や自然災害など大中小の様々な危機の中にある。しかもより深刻なことは、これらの危機が、日本で政治、経済、社会、そして人々の意欲など多くの分野で衰退が始まっている時と重なっていることだ。しかし多くの人（特に中高年の男性）はそのことに気づかないか、あるいは過去の成功体験ゆえか、衰退の現実を認めようとしない。世界が、善かれ悪しかれダイナミックに動いている中にあって、日本の政治も経済も社会も、このまま放置したら、人口構造面でも財政面でも、遠からず衰亡の憂き目を見るのは明らかなように思われる。本書執筆の動機の一つはここにある。

●本書で焦点を当てた環境の危機は、記述したとおり正真正銘の危機だ。しかしそう考えるのは私のような環境専門家だけではない。良識ある政治家や経済人は、かなり前から気がつき、行動し、発言していた。例えば、「世界経済フォーラム（WWF）」の年次総会（ダボス会議）が毎年公表している『グローバルリスク報告書』の2020年版では、「今後10年間に発生する可能性の高いリスク」として30ほどのリスクを挙げているが、その中で今回初めて、上位の5つが全て環境関連（1位・異常気象、2位・気候変動対策の失敗、3位・大規模な自然災害、4位・生物多様性の喪失と生態系の崩壊、5位・人為的な環境損害・災害）であったことの意味は、日本でもっと重視されて然るべきだ。

●環境の危機といってもいろいろあるが、これまで経験したことがないような大雨や台風などの気候危機だけでも、個人や企業に、生命や財産に、甚大な被害を与えるだけでなく、国や自治体にとっても極めて深刻な財政上の負担をもたらす。財政上の危機は既に始まっているが、コロナ禍に対する巨額の財政措置や遠くない将来に起こりうる震災等の自然災害への財政措置も加味して考えると、今後5〜10年程度の期間で、危機の重みは、個人にとっても、企業にとっても、また行政にとっても耐え難くなる可能性が大きい。

●日本の政界は、与党・野党を問わず、この地滑り的危機を前にして、今なお従来型の姑息で古びた対応しかできていない。経済や技術を大胆にグリーン化し、憲法を改正してでも、国民が発奮し躍動できる新しい経済社会を築く途を拓くことに注力すべきなのに、スキャンダル追及などに政治のエネルギーを吸い取られているように見える。日本産業界からも、また社会一般からも、ダイナミズムがまるで失われてしまったようだ。本書において、私が特に若者と女性に期待するのは、既得権益や古いやり方に毒されていないので、この危機を乗り越える最後の命綱であってほしいと期待しているからだ。

●国際社会での真剣な取り組みと、約半世紀に及ぶ私のささやかな、しかしありったけの経験から、最悪な環境危機を回避する策はまだあると考え、本書の第4部と第5部に処方箋は書いた。しかし、これまでのように皆が欲望に任せて、モノの豊かさ、便利さ、快適さをキリもなく追い求めたら危機は深まるばかりなので、新しい生活の豊かさ（簡素、省エネ・リサイクル、品格、利他の心など）を創り出さなくてはならない。またも「他人任せ」、「お上任せ」では危機を脱出できない。自分事として、また次世代のため も思って立ち上がらなければ成功はない。そこにこそ、希望がある。

●このような新しい試みに挑戦するには、先程も触れたように、市民、中でも若者や女性がしがらみを振り払って立ち上がってほしい。といっても、気持ちはあっても、何をどうしたらよいのか戸惑う人は、自分の思いに合致したNPO／NGOに参加するなり、友人らと新しく組織を立ち上げるなり、まずは一歩を踏み出してほしい。人は、それぞれ得意なこと、関心のあること、こだわりのあることに取り組めばよいのだが、必要に応じ、本書に書いた処方箋をガイドに頑張ってほしい。それらの総和が、日本の社会を安全に持続させる“環境立国”そのものに繋がるだろう。

● 我々の環境は、大気も海も生き物もみな、世界の環境と完全に繋がっている。日本の環境だけ良くなる、日本だけ悪くなる、はない。だから、国際協力は死活的に重要なのだ。まして日本は先進国の一員であり、これまで世界の国々から様々な恩恵も受けてきた。その観点からも、人類社会への貢献も責任も進んで果たさなくてはならないのに、非常な困難に陥っている世界に対し、現在の日本から危機や困難からの脱出策を積極的に提示したという話を私は知らない。もしそれが可能だとしたら、日本人が今なお保有する文化性、責任感、技術的志向から見て、それは「環境」分野のはずだというのが、半世紀余、この世界で生きてきた私の認識だ。そのことを「環境立国」という言葉で表現した。しかしそのための努力は、日本だけがそうするのではなく、地球の環境が元の健全な姿を取り戻すよう、世界中の人々と共にそうすべきだと願い、そこに希望を託したいのだ。それはまた、一度失われた国際社会からの信頼を取り戻すことにもなろう。

● そのような国民の力を結集できるかどうかは、最終的には政治家の責任感と力量とに依存する。だから我々国民は、政治のあり様を日常的にしっかりウォッチし、できる範囲で参加し、選挙の時には候補者をしっかり見て、それを投票行動に繋げる必要はいよいよ大きい。健全な民主政治なくして、健全な環境は取り戻せないのだから。

あとがき

私がプレジデント社から本を刊行するのは今回が3冊目だ。第1冊目は『環境と文明の明日－有限な地球で生きる』と題して96年1月に、第2冊目は同僚の藤村コノヱさんと共編著で出した『環境の思想－「足るを知る」生き方のススメ』を2010年1月に、そして今回である。第1冊目からおよそ四半世紀経っての著作だが､3冊を通しての共通のキーワードは、「環境」､「文明」､「有限な地球」､「足るを知る」などであることは、本のタイトルからもご想像いただけよう。

今回、執筆に至った直接の動機は、昨秋、馬齢を重ねて80歳の大台に達した折、これまで半世紀を越した私の環境対策で得た知見や思索をまとめた遺言のようなものを書き残しておきたい、と思いついたことである。その時イメージした本の主題は「環境文明のすすめ」であり、そこに書き込もうとした内容の大略は次のようなものであった。すなわち、地球環境は急速かつ広範に悪化しており、人間社会は遠からず破局に直面しかねないこと、それを回避する策として環境を何よりも大切にする文明社会（環境文明社会）を急ぎ構築すべきこと、その社会の具体的な姿、つまり政治、経済、技術や教育などは現在とどう違っているのか、またそれを実現するための政策手段はどんなものか、などを中心にして論述しようとしたものであった。

実際、この粗筋に沿って昨年末から執筆を開始したが、年明けた2月頃から、思いもよらなかったコロナ騒ぎが始まった。最初の頃は、中国内のローカルな感染に留まるだろうと私は勝手に思い込んでいたが、あれよあれよという間に、日本はもとより世界中に伝播し、3月半ばには一大パンデミックになってしまった。そのため、私の職場であるNPO法人環境文明21の事務所もテレワークが基本となり、また私が関係している浄化槽関連のいくつかの団体の理事会等もオンライン会議となったので、外出することもほとんどなくなった。

というわけで、自宅に籠り執筆する時間が増え、6月中にはほぼ初稿はまとまったので、プレジデント社でこの本の編集を担当してくれることになった稲本進一さんや同僚の藤村コノヱさんに見てもらえるくらいになった。実は稲本さんには、第2冊目の『環境の思想』を出版する際、編集を担当してもらったので、彼の現在の社内ポスト（デジタル事業本部長）は出版事業とは離れているが、同社の長坂嘉昭社長のご意向で、今回も担当に指名してくださった経緯があった。

私は全力を傾けて執筆したので、初稿を読んだ稲本、藤村両氏からは好意的な評価をいただけるものと考えていたが、意外なことに、芳しいものではなかった。お二人とも細部にわたって丁寧に読んでくれたが、共通に指摘されたのは「環境の危機だ、破局だ、が強すぎて、読んでいて暗くなり救いがない。それにこの本を誰に読んで欲しいのかを考えたら、環境問題の行方を心配している方々だけでなく、危機のインパクトをまともに受けながら次世代を担う若者だろう。しかし今の書きぶりでは、書店で若者はこの本を手に取り、買ってくれるだろうか。折角のメッセージが伝わらない」というものであった。

正直、私は少なからずがっかりしたが、2、3日すると元気と正気を取り戻し、お二人の貴重なアドバイスを思い起こしながら、改めて初稿を頭から読み直し、この本の当初のコンセプトを大幅に転換することにした。この変化を促したもう一つの理由があった。それは激烈なコロナ禍を前にした政治と人々の対応であった。

どういうことか。簡単に説明すれば、大津波のように人々の生活、生命、そして経済活動を飲み込み崩してゆくコロナ禍の拡がりを前にすると、時限的な措置とはいえ、これまでは考えられないような対応が多くの国や都市でも見られたからだ。例えば、外出の自粛や禁止、都市の封鎖、外国人の入国制限や禁止、学校などの教育活動の停止やオンライン授業、レストラン、ホテル、文化・スポーツ施設の使用停止、日本では国を挙げて準備していたオリンピック・パラリンピックの1年延期すらあっさりと決まった。さらに春夏の甲子園での高校球児の大会の中止など、次々に打ち出されたが、ほとんどの人がその痛みに耐え、政府からの「要請」を受け入れるといった現実を見たことである。

その過程で、興味深いことにも遭遇した。それは、政治の当局者から「不要不急」なことは避けて家に留まるよう（ステイホーム）、繰り返し要請されたことだ。不要不急とは？ 旅行、スポーツ、音楽、演劇、会食、カラオケ、飲み会はもとより、場合によっては通勤や通学すらも不要不急なのか？ してみると現代社会のかなり大切な部分も不要不急なのであろうか？ もしそうなら、環境の重大な危機（これは長期間にわたる）を前にすれば、政策も人々の生活の仕方も、かなり変わる可能性があるのでは？ と思えるようになった。

本書でも繰り返し書いたように、私は長いこと、気候危機をはじめとする環境の危機は人類社会にとって重大な危機となり得るので、これに正面から向き合い、対策を練り、これまでとは違った経済活動やライフスタイル（私はこれを「不要不急」とは呼ばなかった）に転換すべきと、NPO仲間とともに声をからして呼びかけ続けてきた。しかし、真剣に耳を傾け、活動の輪に加わってくれた人の数は全体から見たらごくわずか、という悔しい思いを噛み締め続けてきた。それがコロナ危機では、人々や行政の対応が一変したのだ。

それならば、環境の危機に対しても、その恐るべき脅威を多くの人が実感をもって認識できるよう、説明や広報の仕方を工夫するなどすれば、人々の行動も政治のプライオリティも劇的に変化するはずだ。ただ唯一の懸念は、危機が暴走し始める前に政策の転換が間に合うかだが、何も変わらないまま危機に突っ込むよりはよほどマシなはずだと思い至り、やっと「希望」が見えてきた。そこで本書のタイトルは、稲本、藤村両氏と相談して今のものに変え、構成もそれに従って修正した。

一方、私は頑固なアナログ人間そのものであるので、事務局スタッフで私の秘書役を務めてくれている尾利出あおいさんが最初から私の読みづらい手書き原稿の活字化、さらに本書で使用されている諸資料（図、表、文献など）を整理してくれた。

このように、本書がこの形で刊行できたのは、プレジデント社の稲本さん、同僚の藤村さん、スタッフの尾利出さんのご支援があったればこそで、ここに深甚なる感謝と敬意を表する。

後はこの本のメッセージができるだけ多くの人々、特に若者や女性に届くことを切に願って擱筆する。

2020年8月吉日

加藤三郎

著者の略歴と官僚時代の仕事

略歴

1966年に厚生省(公害課)に入省、1971年に同年発足した環境庁へ出向。一貫して公害・環境行政に携わる。公害対策基本法、国連人間環境会議と「地球サミット」への準備、環境基本法など、日本の公害・環境行政の根幹を定める仕事にも携わってきた。

現在の主な役職

株式会社環境文明研究所所長、認定NPO法人環境文明21顧問
早稲田大学環境総合研究センター顧問、プレジデント社環境フォト・コンテスト審査委員長、毎日新聞社日韓国際環境賞審査委員、SOMPO環境財団評議員、環境NPOの「グリーン連合」顧問、全国浄化槽団体連合会監事、日本環境整備教育センター理事など。

主な共編・著作物

『脱炭素社会のためのQ&A』(編著、環境新聞社、2019年)
『浄化槽読本』(編著、公益信託柴山大五郎記念合併処理浄化槽研究基金、2013年)
『環境の思想―「足るを知る」生き方のススメ』(編著、プレジデント社、2010年)
『福を呼びこむ環境力』(ごま書房、2005年)
『環境力』(ごま書房、2003年)
『環境の世紀』(毎日新聞社、2001年)
『かしこいリサイクルQ&A』岩波ブックレットNO.531(編著、岩波書店、2001年)
『「循環社会」創造の条件』(編著、日刊工業新聞社、1998年)
『岩波講座 地球環境学』 第1巻 現代科学技術と地球環境学、第2巻 地球環境とアジア、第10巻 持続可能な社会システム(編著、岩波書店、1998-99年)
『地球市民の心と知恵』(編著、中央法規出版、1997年)
『環境と文明の明日』(プレジデント社、1996年)
『豊かな都市環境を求めて』((財)日本環境衛生センター、1986年)

官僚として何をしたか

1966年3月	**東京大学工学系大学院修士課程修了（修士論文「酸化池による汚水処理」）**
4月	**厚生省に入省** （環境衛生局公害課：67年6月より新設の公害部にて庶務課と併任、大気環境基準策定の基礎調査、『公害白書』（『環境白書』の前身）の編集、イタイイタイ病の原因究明、公害防止計画の骨格づくり、国連人間環境会議に向けた準備）
1971年7月	**環境庁大気保全局：** **NO_2環境基準設定の準備作業と国連人間環境会議への準備**
1972年6月	**国連人間環境会議に日本政府代表団の一員として出席**
1973年9月	**OECD日本政府代表部環境担当書記官**（～76年　パリ駐在） （環境委員会の日本の環境政策レビュー準備）
1978年10月	**環境庁大気保全局企画課交通公害対策室長** （地方空港のジェット化、電気自動車の推進、物流公害対策、新幹線の騒音・振動対策、アメニティ行政の研究）
1981年7月	**環境庁大気保全局大気規制課長** （NOxの総量規制導入、ばいじんの規制強化、酸性雨対策）
1984年10月	**厚生省生活衛生局水道環境部環境整備課長** （廃棄物処理施設のアメニティ化や水銀・ダイオキシン対策） （浄化槽行政の推進：設置に対する国庫補助制度創設と浄化槽対策室新設）
1987年6月	**環境庁企画調整局環境保健部保健企画課長** （大気汚染に係る公害健康被害補償法の大改正と保健予防事業の資金造成）
1989年9月	**環境庁長官官房国際課長** （地球温暖化対策の開始、海外環境協力センター（OECC）の設立準備）
1990年7月 1992年6月 1993年7月	**環境庁企画調整局地球環境部長** （地球温暖化防止行動計画の策定） （気候変動枠組条約づくりの国際交渉に参加） （国連環境開発会議（地球サミット）に出席） （環境基本法案作成に参画、地球温暖化対策に取り組む）
1993年7月	**退官。直ちに環境・文明研究所を設立**

認定NPO法人 環境文明21の紹介

継続可能な環境文明社会の構築を目指して

私たちは、今日の混迷する社会にあって、特定の利害にとらわれず、長期的な視点を持って、次世代も含めた全ての人が、安心・安全で心豊かに生きいきと暮らせる持続可能な社会を創ることを目指して、1993年から活動しているNPOです。

解決しなければならない課題を明確にし、先人の知恵なども参考にしながら、有限な地球環境の中で、私たちはどのような価値観を持ち、どのような社会を築いていけばいいのか、その羅針盤となり、一歩ずつでも社会を変えることが私たちの目標です。

代表・顧問から皆さんへ

環境文明21は、「環境問題は文明の問題」という認識で27年前にスタートしたNPOです。この27年の間に、人々の暮らしは物質的には豊かになったように見えますが、それが本当の豊かさなのか疑問に感じることもあります。なぜなら、温暖化に伴う気候変動はますます激化し、毎年多くの人々の生命・財産を奪うほどの気象災害が世界中で頻発しているからです。また生物界では環境の悪化により種や個体数の減少が顕著になっており、多くの専門家が地球史上6度目の大絶滅の危機にあると指摘するほどです。このように、私たちの生命の基盤である環境の悪化はますます深刻化しています。加えて、グローバル化する経済の中で、貧富の格差は拡大を続け、私たちの暮らしや社会の安定を根こそぎ破壊するほどの規模とスピードで進行しています。

こうした状況を少しでも食い止め、子どもたちに、「安心・安全で心豊かに暮らせる持続可能な社会」を引き継ぐためには、私たち自身の価値観や社会・経済の仕組みそのものを見直し、変えていく勇気を持つことが不可欠です。

そうした新たな文明づくりに向けて、独立した専門家としての視点を持ちながら、市民の心を大切にし、市民の立場で行動する私たちと一緒に活動してみませんか。

藤村コノヱ、加藤三郎

活動の4つの柱

調査研究

持続可能な脱炭素社会とはどんな社会か、どんな価値観、経済活動、制度を作っていけばいいのかなど、本質的な課題について調査研究を行っています。

❶ 環境文明社会の構築とその普及

日本の持続性の知恵やグリーン経済などの研究成果を活かし、これまでの「経済」中心の社会から、「環境」を主軸に据えた新たな社会のあり方と実現策を研究し、普及に努めています。

❷ 環境倫理／日本の持続性の知恵の探求

21世紀における精神性の基盤を探求し続けています。

❸ グリーン経済の探求／経営者の環境力大賞事業

持続可能な社会を支える、環境と調和した経済の姿を明確にし、それを実現させるための方策を探求しています。また、企業の有する環境力と経営について研究しています。

普及・教育

社会の方向性や考え方の基盤、環境の現状、科学的最新情報や取り組みも含め当会ならではの本質的な情報を広める活動をしています。

❶ 会報の発行（毎月発行）

持続可能な社会を創る基盤となる考え方や今後の方向、最新の動向やオピニオンを紹介します。

❷「環境と文明ブックレット」等の出版

調査研究や部会活動の成果を、「環境文明社会」「日本を元気にする温暖化対策」「食卓から考える環境倫理」「欧米のから学んで」「持続可能な交通をめざして」「飲料自動販売機から見える環境問題」等として出版。最近は脱炭素社会に関する書籍を出版しました。

❸ 各種セミナーの開催

独自の手法で企業研修・セミナーの企画・運営を行っています。次世代の企業経営者のための「環境文明塾」も好評です。また高校生を対象に2019年度から「エコ動画甲子園」開始。

政策提言

調査研究成果を基に政策提言を行います。さらに、公聴会等での意見表明、具体的法案・条例案を作成し提案しています。

❶ 日本国憲法に環境原則（持続性理念）を導入する政策提言

環境問題が世界の持続性を脅かす重要課題であることから、現憲法の第四の原則として環境（持続性）原則を加える提案を行っています。

❷ 地球温暖化防止など環境・エネルギー政策に向けた提案

欧米などでの最新の取り組みを継続的に紹介しつつ、緊急提言等で日本政府に対し具体的提案をしています。

❸ 環境教育推進法の成立ならびに改正法に向けた提案

当会が発案し、イニシアチブを取って活動した結果、議員立法で成立。改正法では多くの提案が採用されました。

❹ 市民版環境白書「グリーン・ウォッチ」の編集支援

2015年6月に設立された「グリーン連合」が毎年発行する『グリーン・ウォッチ』の編集を毎年支援しています。

交流

「環境問題は文明の問題」という視点で活動している当会の考え方や活動を広く知ってもらい、交流する機会を設けています。

❶ 全国交流大会

全国の仲間との交流のため、年に1回開催しています。

❷ 部会活動

調査研究や政策提言の土台作りの場として月1回程開催しています。

❸ エコツアーの実施

持続可能な地域のモデルとなる場所を見学。全国各地にいる会員が地域の特色を

活かした独自のエコツアーを企画・開催。これまでに、兵庫県豊岡市のコウノトリの郷、滋賀県高島市の生水の郷、奈良県薬師寺・山の辺の道、佐渡や富山の再エネ施設等を見学しました。

❹ 環文ミニセミナーの開催

時節にあった環境問題をテーマにWebで開催しています。

理事・役員等（2020年7月現在）

代表理事	藤村コノヱ	株式会社環境文明研究所 副所長
顧問	加藤三郎	株式会社環境文明研究 所所長
理事	荒田鉄二	公立鳥取環境大学環境学部
理事	井村秀文	名古屋大学 名誉教授
理事	上田勝朗	一般社団法人全国浄化槽団体連合会 会長
理事	埋田基一	企業環境マネジメントコンサルタント
理事	工藤泰子	一般財団法人日本気象協会 主任技師
理事	許斐喜久子	奈良市地球温暖化対策地域協議会 幹事
理事	柴山徳一郎	株式会社ヤマト
理事	田崎智宏	国立環境研究所資源循環・廃棄物研究センター
理事	内藤　弘	株式会社エックス都市研究所
理事	原　　剛	早稲田環境塾 塾長
理事	松尾友矩	東洋大学 元学長、東京大学 名誉教授
監事	山口耕二	認定NPO法人国際環境経済研究所 理事・事務局長

認定NPO法人 環境文明21

Japan Association of Environment and Society for the 21st Century

〒145-0071　東京都大田区田園調布2-24-23-301
TEL：03-5483-8455　FAX：03-5483-8755
E-mail：info@kanbun.org
URL：http://www.kanbun.org/

危機の向こうの希望

「環境立国」の過去、現在、そして未来

2020年10月2日　第1刷発行

著者　加藤三郎
執筆協力　藤村コノヱ・尾利出あおい（認定NPO法人 環境文明21）
発行者　長坂嘉昭
発行所　株式会社プレジデント社
〒102-8641　東京都千代田区平河町2-16-1
平河町森タワー13F
https://president.jp/　https://presidentstore.jp/
編集（03）3237-3732
販売（03）3237-3731
ブックデザイン　草薙伸行（Planet Plan Design Works）
レイアウト・DTP　蛭田典子（Planet Plan Design Works）
表紙イラスト　後藤範行
図版制作　大橋昭一
編集　稲本進一
制作　小池 哉
販売　桂木栄一　髙橋 徹　川井田美景　森田 巌
末吉秀樹　神田泰宏　花坂 稔
印刷・製本　ダイヤモンド・グラフィック社

ISBN 978-4-8334-2388-5
Printed in Japan